소나네 도시락 레시피

소나네 도시락 레시피

2024년 5월 22일 1판 1쇄 인쇄
2024년 5월 27일 1판 1쇄 발행
—

지은이 박선화
펴낸이 이상훈
펴낸곳 책밥
주소 03986 서울시 마포구 동교로23길 116 3층
전화 번호 02-582-6707
팩스 번호 02-335-6702
홈페이지 www.bookisbab.co.kr
등록 2007. 1. 31. 제313-2007-126호
—

기획·진행 윤정아
디자인 디자인허브
—

ISBN 979-11-93049-45-7 (13590)
정가 22,000원

ⓒ 박선화, 2024

책밥은 (주)오렌지페이퍼의 출판 브랜드입니다.

소나네 도시락 레시피

눈과 입이 즐거워지는 228가지 맛있는 선물

박선화 지음

책밥

안녕하세요. 소나입니다.

입 짧은 5살, 8살 두 자매와 어떤 음식도 맛있게 먹어주는 남편과 함께 일본 도쿄에서 25년째 지내고 있는 평범한 주부입니다.

어렸을 때 전 입이 짧고 음식에 정말 까다로운 아이였어요. 엄마는 저를 위해 제가 먹을 수 있는 김치를 따로 담그시고, 콩 없는 흰 밥도 따로 지으시며, 아침에는 밥 먹고 학교 가야 든든하다며 매일 아침 분주하게 음식을 차려주셨죠. 돌이켜보면 그 요리는 엄마가 저에게 주신 선물 같은 게 아니었나 하는 생각이 들어요.

어느새 시간이 흘러 어린 시절 저와 똑같은 입 짧은 두 자매를 만나게 되었습니다. 큰아이가 유치원에 입학한 3살 때부터 본격적으로 도시락을 만들기 시작했어요. 일본 유치원은 급식이 없는 곳이 많기 때문이죠. 사실 지금도 급식이 없는 초등학교에 다니고 있으니 도시락 만들기는 여전히 현재 진행형이랍니다.

그때 그 시절 저에게 선물 같았던 엄마의 요리를 이제 제가 우리 가족을 위해 하고 있어요. 이왕이면 건강한 음식으로, 이왕이면 더 맛있게, 이왕이면 좀 더 예쁘게. 그렇게 노력하다 보니 요리 하나로 우리 가족이 예전보다 더 즐거워질 수 있다는 사실을 알게 되었습니다. 도시락을 열 때마다 두근거린다는 아이와 남편의 말에도 큰 힘을 얻었고요. 이런 행복과 즐거움을 여러분들과 공유하고 싶었습니다. 이 책을 통해 여러분들도 꼭 같은 경험을 나눌 수 있길 진심으로 바랍니다.

이 책에는 집밥으로 활용할 수 있는 일상 요리부터 특별한 날을 더욱 특별하게 만들어 주는 이벤트 요리까지 총 228가지의 레시피가 담겨 있어요. 약간의 포인트만으로 귀여움을 100배 더하는 방법, 간단한 도구를 활용하여 좀 더 특별한 효과를 주는 방법, 아이와 어른이 함께 즐길 수 있는 요리 만드는 방법, 바쁜 아침에 대활약 예정인 10분 반찬 모음, 많이들 어려워하는 달걀 지단 만들기부터 활용법 등등 도시락으로 고민이 많은 분, 좀 더 특별한 도시락을 만들고 싶은 분들께 조금이라도 도움이 되고 싶은 마음으로 하나하나 정성스레 준비해 보았습니다.

마지막으로 저를 응원해 주고 용기를 주신 인친님을 비롯해 책이 세상에 나올 수 있도록 기회를 주신 출판사 책밥, 늘 뒤에서 응원해 주고 계신 Arnest(아네스트) 관계자분들에게도 감사 인사드립니다.

그리고 엄마 요리가 최고라며 항상 엄지척하는 예쁘고 착한 큰딸과 엄마 요리 도와주겠다며 두 팔 걷고 나서는 귀여운 둘째 딸, 제가 만드는 건 다 맛있다며 언제나 맛있게 완식 해주는 든든한 내 편인 남편, 인스타그램 시작해 보자고 많은 용기를 준 둘째 언니와 한국에 있는 사랑하는 우리 가족 모두에게, 마지막으로 한결같이 사랑으로 인도하시는 하나님께 감사의 인사를 전합니다. 앞으로도 열심히 하겠습니다.

Contents

Part 1   한 끼 도 시 락

Part 2 한
　　입
　　도
　　시
　　락

Part 3　스페셜 도시락

도시락
조리 도구

계량스푼
이 책에서는 2가지의 계량스푼을 사용했습니다. 큰술은 15ml, 작은술은 10ml입니다.

전자저울
전자저울은 레시피를 따라 재료 용량을 맞추어 요리할 때 유용합니다.

사각 프라이팬
사각 프라이팬은 달걀말이를 만들 때 쓰입니다. 이 책에서는 가로 15cm, 세로 18cm 사이즈를 사용했습니다.

전자레인지
전자레인지는 출력 600W를 기준으로 조리 시간을 표시했습니다. 꼭 전용 용기를 사용합니다.

주걱과 거품기
주걱과 거품기는 재료를 섞거나 반죽할 때 주로 쓰입니다.

집게
도시락통에 반찬 등을 담을 때는 손보다 집게를 사용하는 편이 위생에 좋습니다.

실리콘 틀
실리콘 틀에 달걀물을 부어 다양한 모양의 달걀찜을 만들 수 있습니다.

실리콘 틀과 종이 반찬컵
실리콘 틀은 주방 전자제품에 재료를 넣을 때, 종이 반찬컵은 도시락통에 반찬을 담을 때 사용합니다.

도시락 꾸미기
도구 & 재료

주먹밥 틀
삼각김밥, 미니 주먹밥 등 다양한 주먹밥 모양을 만들 수 있습니다.

달걀말이 틀
달걀말이를 별 혹은 하트 모양으로 만들 수 있습니다. 식을 때까지 그대로 두어야 모양이 잘 잡힙니다.

가위와 핀셋
가위는 김밥김을 잘라 원하는 모양을 만들 때, 핀셋은 작은 재료를 올릴 때 쓰입니다.

김펀치
김펀치는 소량의 김밥김을 찍어 귀여운 표정을 만들 때 사용합니다.

햄치즈커터
슬라이스 햄, 슬라이스 치즈 등을 찍어 다양한 모양을 만들 때 쓰입니다.

칼날볼
UV 칼날은 단단한 야채를 조각할 때, 둥근 칼날은 눈, 코, 볼터치를 표현할 때 주로 사용합니다.

모양 틀
여러 재료를 모양 틀로 찍어 원형, 별, 하트, 꽃 등 다양한 모양을 만듭니다.

모양 픽
도시락의 꽃이라 할 수 있는 모양 픽은 내용물을 고정하거나 마무리 장식할 때 쓰입니다.

오색 아라레

오색으로 만들어진 찹쌀 떡튀김으로 도시락을 꾸미거나 튀김옷을 대신할 때 주로 쓰입니다.

후리카케

김, 참깨, 소금 등이 섞인 조미 재료로 쌀밥에 뿌려서 먹거나 주먹밥을 만들 때 활용합니다.

데코후리

후리카케의 한 종류로 볶음밥 맛이 제일 유명한데, 쌀밥과 섞어 색깔 밥을 만들 때 쓰입니다.

캬라후루

도시락을 꾸미는 용도로 쓰이는 각종 모양의 어묵칩을 캬라후루라 부릅니다.

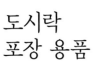

도시락
포장 용품

나무 도시락통

통기성이 좋아서 밥이 눅눅해지지 않고 무엇보다 가볍고 튼튼합니다.

플라스틱 도시락통

전자레인지에 넣을 수 있어 간단하게 데워먹기 편리합니다. 무게도 가벼워 아이들이 들고 다니기 좋습니다.

스테인리스 도시락통

오래 사용할 수 있다는 장점이 있습니다. 변색도 없고 냄새도 배지 않아 위생 관리도 쉬운 편입니다.

일회용 도시락통

같은 종류의 도시락을 여러 개 만들거나 짐을 줄이고 싶을 때 주로 사용합니다.

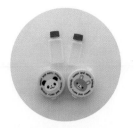

소스통1

도시락 소스를 따로 담을 때 사용합니다.

소스통2

입구가 좁은 소스통은 도시락을 꾸밀 때 활용할 수도 있습니다.

왁스 페이퍼

도시락통 바닥에 깔아 화사함을 연출하거나 샌드위치를 포장할 때 사용합니다.

향균 시트

도시락 뚜껑을 닫기 전에 올려줍니다. 향균 시트는 도시락 속에 세균이 번식하는 것을 억제하는 역할을 합니다.

도시락
기초 레시피

· 달걀지단

⏱ 소요시간 15분

🧂 재료(1장)

달걀 2개
우유 1큰술
소금 1꼬집
현미유 적당량

1 달걀, 우유, 소금을 잘 섞고 체에 거릅니다.

2 프라이팬에 현미유를 골고루 바르고 충분히 달굽니다.

3 젖은 행주 위에 올리고 지직 소리가 더 이상 나지 않을 때까지 둡니다.

4 약불에 올린 후 달걀물을 붓고 균등하게 퍼지도록 프라이팬을 움직입니다.

5 포일로 덮어서 2분간 익힌 후 불을 끄고 1분간 그대로 둡니다.

6 윗면을 손으로 만졌을 때 달걀물이 묻어나지 않으면 완성입니다.

• 달걀말이

소요시간 10분

재료(2인분)

달걀 2개
수수설탕 1작은술(혹은 흑설탕)
소금 1꼬집
현미유 적당량

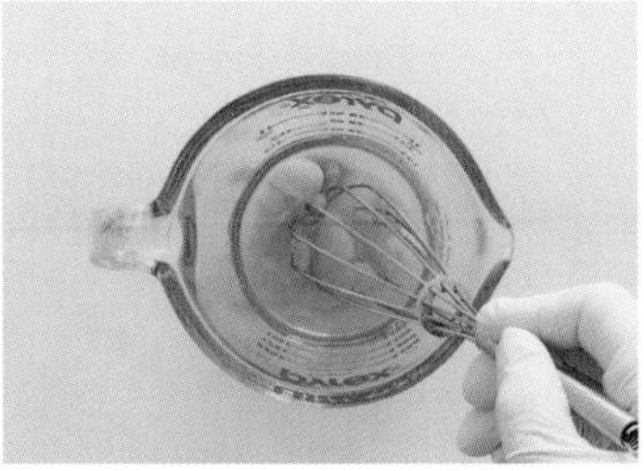

1 달걀, 수수설탕, 소금을 넣고 잘 섞습니다.

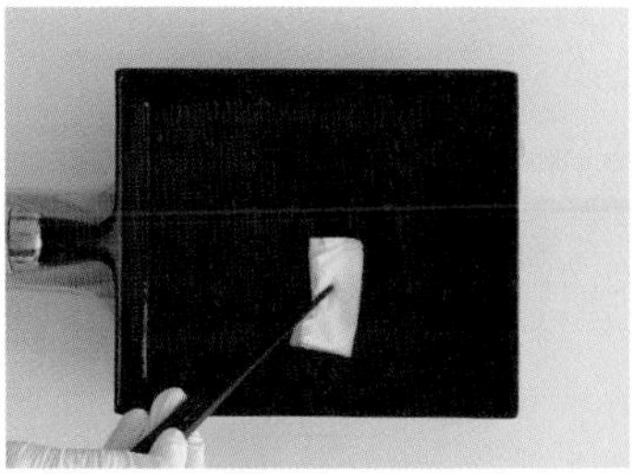

2 달군 프라이팬에 현미유를 골고루 바르고 중약불로 둡니다.

3 달걀물을 2차례 나누어 붓고 천천히 돌돌 맙니다.

• 김밥용 밥

소요시간 5분

재료(1인분)

쌀밥 200g
참기름 1작은술
소금 2g

1 볼에 쌀밥, 참기름, 소금을 넣고 주걱으로 자르듯 섞습니다.

· 초밥용 밥

⏱ 소요시간 10분

재료(1인분)

쌀밥 200g
식초 1큰술
다시마 육수 1큰술
수수설탕 2작은술(혹은 흑설탕)
소금 2g

다시마 육수
다시마 2g
물 100ml

1 볼에 다시마와 물을 넣고 5분 이상 그대로 둡니다.

2 전자레인지 전용 용기에 넣고 2분간 돌린 후 다시마를 건집니다.

3 볼에 2의 다시마 육수 1큰술과 나머지 재료를 넣고 주걱으로 자르듯 섞습니다.

· 간단한 장식 모음

보기 좋은 것이 먹기도 좋다는 말이 있습니다. 단순히 끼니를 때우기 위한 것이 아니라 뚜껑을 여는 순간 흐뭇한 미소가 절로 지어지는 도시락이었으면 해요. 누구나 쉽게 따라 할 수 있는 도시락 장식을 소개합니다.

달걀지단 꽃

⏱ 소요시간 5분

재료(1개)

달걀지단 1/2장

도구

잎사귀 픽

1 달걀지단 1/2장을 반으로 접고 접힌 부분을 1cm 간격으로 촘촘하게 칼집을 냅니다.

2 끝에서부터 돌돌 말아서 잎사귀 픽으로 고정합니다.

달걀지단 김말이

⏱ 소요시간 5분

🧺 재료(1개)

달걀지단 1/2장
김밥김 1/2장

1 김밥김 1/2장 위에 달걀지단 1/2장을 1cm 정도 여유를 남기고 올립니다.

2 끝에서부터 돌돌 맙니다.

3 랩으로 감싸고 양쪽을 고정합니다.

4 랩을 감싼 채 자르고 도시락에 넣을 때 벗깁니다.

달걀지단 치즈말이

⏱ 소요시간 5분

🧺 재료(1개)

달걀지단 1장
슬라이스 치즈 2장

1 달걀지단 1장 위에 슬라이스 치즈 2장을 나란히 올립니다.

2 달걀지단을 슬라이스 치즈 폭에 맞춰 자르고 끝에서부터 돌돌 맙니다.

3 랩으로 감싸고 양쪽을 고정합니다.

4 랩을 감싼 채 자르고 도시락에 넣을 때 벗깁니다.

햄 장미

⏱ 소요시간 5분

🍳 재료(1개)

슬라이스 햄 1장

🥄 도구

잎사귀 픽

1 사각형 슬라이스 햄을 삼각형 모양으로 4등분합니다.

2 삼각형의 꼭짓점을 아래로 접고 그대로 옆에서부터 돌돌 맙니다.

3 2를 감싸듯 나머지 삼각형도 돌돌 맙니다.

4 마지막 부분을 잎사귀 픽으로 고정합니다.

햄 리본

⏱ 소요시간 5분

🍳 재료(1개)

슬라이스 햄 1장

🥄 도구

모양 픽

1 사각형 슬라이스 햄의 끝부분을 5mm 정도 자릅니다.

2 면적이 큰 슬라이스 햄 가운데를 위아래로 잡아 리본 모양을 만듭니다.

3 5mm 슬라이스 햄으로 가운데를 두릅니다.

4 원하는 모양의 픽으로 가운데를 고정합니다.

치즈 장미

⏱ 소요시간 5분

🍽 재료(1개)

슬라이스 치즈 1장

🍳 도구

잎사귀 픽

1 슬라이스 치즈를 이쑤시개나 가위로 사진과 같이 자릅니다.

2 삼각형 중 하나를 그대로 말아 심을 만 듭니다.

3 2를 감싸듯 나머지 삼각형을 붙이고 꽃 잎처럼 살짝 펼칩니다.

4 남은 긴 직사각형 치즈로 아래를 두르 고 잎사귀 픽으로 고정합니다.

치즈 선물 상자

⏱ 소요시간 5분

🍽 재료(3~4개)

슬라이스 치즈 2장
체다치즈 2장

🍳 도구

리본 픽

1 슬라이스 치즈와 체다치즈를 1장씩 번 갈아 올립니다.

2 1을 반으로 자르고 다시 올립니다.

3 2를 반으로 자르고 다시 올린 후 상자 모양으로 자릅니다.

4 단면이 잘 보이는 쪽을 정면으로 두고 위에 리본 픽을 꽂습니다.

치즈 꽃과 별

⏱ 소요시간 5분

👨‍🍳 재료(2개)

슬라이스 치즈 2장
체다치즈 2장

🥣 도구

꽃 모양 틀
별 모양 틀
잎사귀 픽

1 슬라이스 치즈와 체다치즈를 1장씩 번 갈아 올립니다.

2 1을 반으로 자르고 다시 올립니다. 이 를 2번 더 반복합니다.

3 겹겹이 쌓은 치즈를 눕히고 꽃, 별 모양 틀로 찍습니다.

4 잎사귀 픽 혹은 원하는 모양의 픽으로 장식합니다.

자투리 치즈

⏱ 소요시간 5분

👨‍🍳 재료(1인분)

자투리 치즈 적당량

🥣 도구

실리콘 틀

1 남은 자투리 치즈를 가위 등으로 잘게 자릅니다.

2 실리콘 틀에 채웁니다.

3 전자레인지에 10초간 돌리고 녹지 않 았다면 2초 정도 더 돌립니다.

4 치즈가 완전히 식은 후 실리콘 틀에서 분리하면 완성입니다.

10분 뚝딱
반찬 모음

어딘가 허전하고 부족하다고 느껴질 때 후다닥 만들어 넣으면 좋은 반찬들입니다. 재료도 많지 않고 시간도 10분이면 충분해요. 영양 가득한 재료로 만든 초간단 도시락 반찬, 우리 함께 만들어 볼까요?

·게맛살 리본튀김

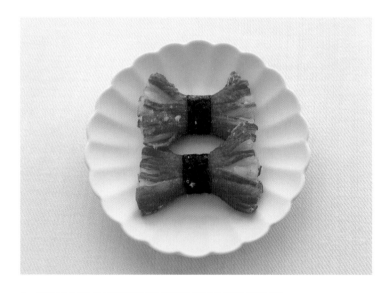

⏱ 소요시간 10분

👥 재료(2개)

게맛살 1줄
김밥김 적당량
전분 1작은술
현미유 적당량

1 게맛살은 세로로 반을 자르고 가운데 김밥김 띠를 두릅니다.
2 게맛살 양쪽을 잘게 찢어 벌리고 전분을 골고루 묻힙니다.
3 프라이팬에 현미유를 두르고 노릇하게 굽습니다.

·곤약볶음

⏱ 소요시간 10분

🧂 재료(2인분)

곤약 125g
참기름 1/2큰술
간장 1/2큰술
참깨 1작은술

1   곤약은 작은 큐브 모양으로 자릅니다.

2   프라이팬에 참기름을 두르고 곤약을 3분간 볶습니다.

3   간장을 추가해 1분간 볶은 후 참깨를 뿌려 마무리합니다.

·단호박 견과류볼

⏱ 소요시간 10분

🧂 재료(2인분)

단호박 90g
견과류와 건포도 믹스 1큰술
소금 1꼬집

🥄 도구

모양 픽

1   단호박은 찜기나 전자레인지를 활용해 익힌 후 으깹니다.

2   뜨거울 때 견과류와 건포도 믹스, 소금을 넣고 섞습니다.

3   랩으로 동그랗게 모양을 잡아 충분히 식히고 모양 픽을 꽂습니다.

·당근 참깨범벅

⏱ 소요시간 10분

🧂 재료(2인분)

당근 1/2개
간 참깨 1큰술
수수설탕 1큰술(혹은 흑설탕)
간장 1/2작은술

1   당근은 채 썰어 전자레인지 용기에 담고 2분간 돌립니다.

2   간 참깨, 수수설탕, 간장을 넣고 버무립니다.

·미니 콘그라탕

⏱ 소요시간 10분

🧂 재료(1개)

슬라이스 햄 1장
통조림 옥수수 1큰술
피자치즈 2큰술

🥄 도구

실리콘 틀

1   슬라이스 햄 가장자리에 칼집을 내고 실리콘 틀에 깔아 줍니다.

2   통조림 옥수수와 피자치즈를 버무려 실리콘 틀에 넣습니다.

3   에어프라이어를 170도로 설정하고 3~4분간 굽습니다.

• 방울토마토 한입 샐러드

⏱ 소요시간 10분

👥 재료(2개)

방울토마토 2개
오이 2조각
슬라이스 치즈 1/4 2장
슬라이스 햄 1/4 2장

🥣 도구

모양 픽

1   방울토마토는 가로로 반을 자릅니다.

2   그 사이에 오이, 슬라이스 치즈, 슬라이스 햄을 끼우고 모양 픽으로 고정합니다.

• 베이컨 피망구이

⏱ 소요시간 10분

👥 재료(2인분)

피망 1개
슬라이스 치즈 1장
베이컨 4장
후추 1꼬집
현미유 적당량

1   피망은 씨를 제거해 채 썰고, 슬라이스 치즈는 세로로 4등분합니다.

2   베이컨을 깔고 슬라이스 치즈와 피망을 올려 후추를 뿌리고 돌돌 말아 고정합니다.

3   프라이팬에 현미유를 두르고 노릇하게 굽습니다.

·봉어묵 파래구이

⏱ 소요시간 10분

🍶 재료(2인분)

봉어묵 150g
전분 1큰술
밀가루 1큰술
마요네즈 1/2큰술
물 2큰술
파래 가루 1/2큰술
현미유 적당량

1 봉어묵을 사선으로 잘라 한 입 크기로 만듭니다.

2 봉어묵, 전분, 밀가루, 마요네즈, 물, 파래 가루를 골고루 섞습니다.

3 프라이팬에 현미유를 넉넉히 두르고 노릇하게 굽습니다.

·새송이 갈릭구이

⏱ 소요시간 10분

🍶 재료(2인분)

새송이 1개
버터 10g
다진 마늘 2g
간장 1/2작은술
미림 1/2작은술
소금 1꼬집
후추 1꼬집

1 새송이는 동그란 단면이 나오도록 가로로 자르고 벌집 모양으로 칼집을 냅니다.

2 달군 프라이팬에 버터를 녹이고 다진 마늘을 먼저 볶습니다.

3 새송이, 간장, 미림, 소금, 후추를 추가해 졸이듯 볶습니다.

· 새송이 콘볶음

⏱ 소요시간 10분

🧂 재료(2인분)

새송이 1개
버터 5g
통조림 옥수수 2큰술
간장 1/2작은술
소금 소량
후추 소량

1 새송이는 세로로 반을 잘라 두껍게 채 썹니다.

2 달군 프라이팬에 버터를 녹이고 새송이와 통조림 옥수수를 넣어 볶습니다.

3 간장을 추가해 볶다가 소금과 후추를 기호대로 뿌립니다.

· 숙주 고추장무침

⏱ 소요시간 10분

🧂 재료(2인분)

숙주 250g
간장 1/2큰술
참기름 1/2큰술
고추장 1/2작은술
다진 마늘 1/2작은술
참깨 1큰술

1 숙주는 전자레인지 전용 용기에 담고 2~3분간 돌립니다.

2 한 김 식히고 모든 재료를 한데 넣어 버무립니다.

·숙주 참치나물

⏱ 소요시간 10분

🧂 재료(2인분)

숙주 250g
캔 참치 70g
연두 2작은술
깨소금 1작은술
소금 1꼬집
후추 1꼬집

1 숙주는 전자레인지 전용 용기에 담고 2~3분간 돌립니다.

2 캔 참치는 기름을 빼고 준비합니다.

3 1을 한 김 식힌 후 모든 재료를 한데 넣어 버무립니다.

·아스파라거스
볶음

⏱ 소요시간 10분

🧂 재료(2인분)

아스파라거스 3줄
참기름 1작은술
굴소스 1작은술

1 아스파라거스는 세로로 반을 자르고 4등분합니다.

2 프라이팬에 참기름을 두르고 아스파라거스를 볶습니다.

3 굴소스를 추가해 1분간 볶습니다.

· 오뎅 곤약볶음

🕐 소요시간 10분

🧂 재료(2~3인분)

사각 오뎅 2장
곤약 125g
현미유 적당량
다진 마늘 1/2작은술
미림 1큰술
청주 1큰술
간장 1큰술
수수설탕 1/2큰술(혹은 흑설탕)
통깨 1작은술

1   사각 오뎅은 세로로 반을 자르고 4등분합니다. 곤약도 비슷한 크기로 자릅니다.

2   프라이팬에 현미유를 두르고 다진 마늘을 향이 날 때까지 볶습니다.

3   사각 오뎅과 곤약을 넣고 볶다가 미림, 청주, 간장, 수수설탕을 추가합니다.

4   소스가 졸아들 때까지 볶다가 통깨로 마무리합니다.

· 오이볶음

🕐 소요시간 10분

🧂 재료(2인분)

오이 1개
소금 1/2작은술
참기름 1작은술
다진 마늘 1/2작은술
깨소금 1작은술

1   오이는 채칼로 썰고 소금을 뿌려 5분간 절입니다.

2   프라이팬에 참기름을 두르고 다진 마늘을 향이 날 때까지 볶습니다.

3   물기를 꼭 짠 오이를 넣고 볶다가 깨소금으로 마무리합니다.

·적양배추 베이컨볶음

⏱ 소요시간 10분

🧂 재료(2인분)

적양배추 50g
베이컨 16g
현미유 적당량
소금 2꼬집

1　적양배추는 채 썰고 베이컨도 잘게 썰어 준비합니다.

2　프라이팬에 현미유를 두르고 베이컨을 볶다가 적양배추를 넣습니다.

3　소금을 뿌리고 볶다가 적양배추가 익기 시작하면 불을 꺼 아삭함을 유지합니다.

·콘 게맛살 샐러드

⏱ 소요시간 10분

🧂 재료(2인분)

게맛살 1줄
통조림 옥수수 3큰술
마요네즈 1큰술
소금 1꼬집

1　게맛살은 가위를 사용해 가로로 여러 조각을 냅니다.

2　볼에 모든 재료를 넣고 버무립니다.

• 파프리카 미니 피자

🕐 소요시간 10분

👨‍🍳 재료(2개)

파프리카 1/4 2개
소시지 1개
통조림 옥수수 1큰술
케첩 3큰술
파마산 치즈 1작은술

1 작게 깍둑썰기 한 소시지, 통조림 옥수수, 케첩을 한데 넣고 버무립니다.

2 1을 파프리카 1/4 2개에 나누어 남은 후 파마산 치즈를 솔솔 뿌립니다.

3 에어프라이어를 170도로 설정하고 3분간 굽습니다.

• 파프리카 볶음

🕐 소요시간 10분

👨‍🍳 재료(2인분)

빨간 파프리카 1/2개
노란 파프리카 1/2개
올리브유 적당량
청주 1작은술
미림 1작은술
수수설탕 1작은술(혹은 흑설탕)
소금 2꼬집

1 파프리카는 반으로 잘라 씨를 제거하고 5mm 간격으로 채 썹니다.

2 프라이팬에 올리브유를 두르고 파프리카를 1분간 볶습니다.

3 청주, 미림, 수수설탕, 소금을 넣고 약불에서 2분간 졸이듯 볶습니다.

• 팽이버섯 달걀전

⏱ 소요시간 10분

🧂 재료(2인분)

팽이버섯 40g
달걀 1개
소금 1꼬집
파마산 치즈 2작은술
현미유 적당량

1 팽이버섯을 가위로 잘게 자르고 달걀, 소금, 파마산 치즈와 잘 섞습니다.

2 프라이팬에 현미유를 두르고 반죽을 1큰술씩 올려 노릇하게 굽습니다.

• 팽이버섯튀김

⏱ 소요시간 10분

🧂 재료(2인분)

팽이버섯 60g
김밥김 적당량
간장 1/2작은술
전분 1큰술
현미유 적당량
소금 1꼬집

1 팽이버섯은 10g씩 찢어 나누고 김밥김으로 띠를 두릅니다.

2 간장을 조금씩 뿌리고 전분을 묻힙니다.

3 프라이팬에 현미유를 넉넉하게 두르고 노릇하게 굽습니다.

4 소금을 뿌려 마무리합니다.

·피망 다시마무침

🕐 소요시간 10분

🍶 재료(2인분)

피망 2개
시오콘부 1작은술(염장 다시마)
폰즈 1/2큰술(감귤 소스)
참기름 1작은술
통깨 1/2작은술

1 피망은 반으로 잘라 씨를 제거하고 1cm 간격으로 채 썹니다.

2 그대로 전자레인지 전용 용기에 담고 30초간 돌립니다.

3 한 김 식히고 모든 재료를 한데 넣어 버무립니다.

식중독 예방하는 법

* 손은 깨끗이 씻고 조리에 사용하는 도구는 청결히 합니다.

* 육류는 속까지 완전히 익힙니다.

* 도시락통에 반찬을 넣을 때는 완전히 식히고 넣습니다.

* 항균 시트를 사용해 도시락을 보호합니다.

* 35도가 넘어가면 균이 번식하기 시작하니 보냉제와 보냉팩을 사용합니다.

* 야채나 나물의 물기는 최대한 꼭 짜고 넣습니다.

* 여름철 달걀 프라이는 완숙으로 준비합니다.

Part 1

한
끼
도
시
락

[밥]

[면 · 빵]

달걀말이 꽃 도시락

달걀말이는 도시락의 꽃으로 없으면 서운하고 있으면 든든한 요리입니다. 만들기도 쉽고 맛도 좋은 반찬이에요. 평범한 달걀말이를 꽃 모양으로 만들어 도시락을 장식해 보았어요. 물론 다른 반찬도 빠질 수 없죠! 연어튀김과 우엉 샐러드 레시피도 준비했습니다. 도시락 반찬 하나하나에 맛과 영양이 듬뿍 담겼답니다.

도시락 구성 | 연어튀김, 우엉 샐러드, 달걀말이 꽃

연어튀김

소요시간 15~20분

재료(2인분)

연어살 2조각(180g)
전분 2큰술
현미유 적당량

소스
간장 1큰술
청주 1큰술
다진 생강 1작은술

1 연어살은 도시락통에 담기 좋게 3등분하고 소스 재료는 한데 섞습니다.

2 용기에 손질한 연어살과 소스를 담고 10분간 둡니다.

3 연어살에 묻은 소스를 키친타월로 닦아 냅니다.

4 비닐에 연어살과 전분을 넣고 흔들어 전분옷을 입힙니다.

5 달군 프라이팬에 현미유를 넉넉하게 두르고 연어살을 튀기듯 굽습니다.

✚ 연어살에 소금 간이 되었다면 과정 2에서 10분 이상 두지 않습니다.

✚ 냉동 연어는 해동 후 조리해 주세요.

우엉 샐러드

🕐 소요시간 15분

🧂 재료(2인분)

우엉 1/2개(60g)
당근 1/3개(30g)
오이 1/3개(30g)
식초 2작은술

소스
마요네즈 2큰술
깨소금 1큰술
간장 1/2큰술
황설탕 1작은술

1 우엉, 당근, 오이는 4~5cm 길이로 채 썹니다.

2 우엉과 당근은 끓는 물에 30초간 데칩 니다.

3 볼에 데친 우엉과 당근, 식초를 넣고 섞 습니다.

4 오이와 소스 재료까지 넣고 잘 버무립 니다.

달걀말이 꽃

소요시간 15분

재료(2인분)

달걀말이 1개 **15쪽 참고**
케첩 소량

도구

꼬치 5개
마스킹 테이프
고무줄 3개
잎사귀 픽

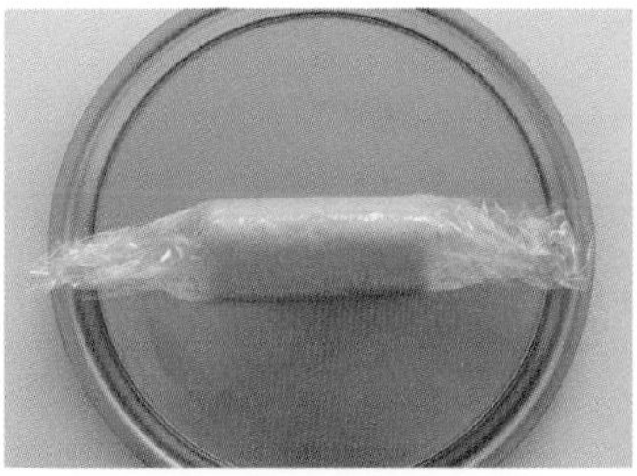

1 달걀말이가 따뜻할 때 랩으로 쌉니다.

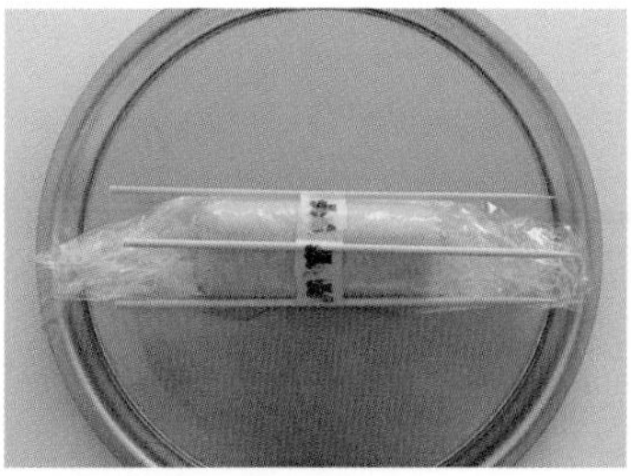

2 꼬치 5개를 일정한 간격으로 두고 마스킹 테이프로 고정합니다.

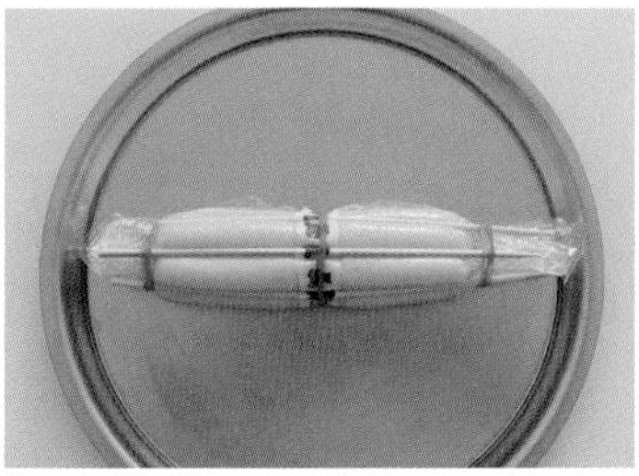

3 꼬치 양 끝과 가운데를 고무줄로 묶어서 고정합니다.

4 15분 정도가 지난 후 랩을 벗기고 그대로 썰면 꽃 모양이 완성됩니다.

5 케첩과 잎사귀 픽으로 꽃 모양을 귀엽게 꾸며도 좋습니다.

+ 고무줄로 꼬치를 너무 세게 묶으면 달걀말이가 부서질 수도 있습니다. 달걀말이는 조금만 힘을 주어도 모양이 나오기 때문에 많은 힘이 필요하지 않습니다.

곰돌이 고로케 도시락

고로케는 고기와 야채를 적절히 섞어 동그랗게 만들어 튀긴 요리인데요. 소개할 레시피는 기본 중의 기본인 '소고기 감자 고로케'입니다. 케첩이나 바비큐 소스 등 어느 소스에 찍어 먹는지에 따라 맛이 달라지는 천의 얼굴, 고로케. 따끈할 때 바로 먹어도 맛있고 도시락에 넣어 먹어도 좋습니다. 튀긴 고로케는 냉동해 두었다가 먹어도 맛있답니다.

도시락 구성 | 소고기 감자 고로케, 곰돌이 얼굴, 찹쌀떡 치즈구이, 달걀찜

소고기
감자 고로케

⏱ 소요시간 35~45분

👥 재료(8개)

소고기 다짐육 100g
감자 250g
양파 80g
물 1큰술
소금 2꼬집
후추 2꼬집
넛맥가루 소량
현미유 적당량

튀김옷
밀가루 2~3큰술
달걀 1개
빵가루 3~4큰술

1 감자는 먹기 좋은 크기로 썰어 전자레인지 전용 용기에 담습니다.

2 물을 넣고 랩을 씌워 전자레인지에 7~8분간 돌립니다.

3 익은 감자는 으깹니다.

4 양파는 잘게 다지고 현미유를 두른 프라이팬에 볶다가 투명해지면 약불로 줄입니다.

5 양파가 갈색이 될 때까지 태우지 않고 천천히 볶는 것이 깊은 맛을 내는 포인트입니다.

6 소고기 다짐육은 트레이에 담아 뭉친 걸 풀어주고 소금, 후추, 넛맥가루를 뿌려 잘 섞습니다.

7 프라이팬에 소고기 다짐육을 넣고 중불로 볶습니다.

8 고기가 타지 않도록 빠르게 익힙니다.

9 준비한 감자, 양파, 소고기 다짐육은 따뜻할 때 섞습니다.

10 트레이에 담아서 잠시 식히고 8등분으로 나누어 동그랗게 성형합니다.

11 밀가루, 달걀물, 빵가루 순으로 튀김옷을 묻힙니다. 빵가루는 꾹 눌러 잘 붙게 합니다.

12 튀김팬에 현미유를 붓고 180도가 되면 2~3분간 튀깁니다.

13 고로케가 떠오를 때 건져 기름을 빼면 완성입니다.

✚ 고로케는 냉동 보관이 가능한 반찬입니다. 튀긴 고로케가 완전히 식으면 냉동실 전용 용기나 비닐에 담아 공기를 뺀 후 냉동합니다. 튀기지 않은 고로케도 같은 방법으로 냉동합니다. 튀긴 고로케는 1개월, 튀기지 않은 고로케는 1주일 동안 냉동 보관할 수 있습니다.

곰돌이 얼굴

⏱ 소요시간 5~10분

👥 재료(2개)

소고기 감자 고로케 2개
슬라이스 치즈 1장
김밥김 적당량
게맛살 1줄
소시지 1개
마요네즈 소량
파스타면 소량

🥄 도구

햄치즈커터
칼날볼
가위
김펀치
핀셋

1 슬라이스 치즈를 햄치즈커터로 찍어 타원형 2개를 만듭니다.

2 칼날볼의 둥근 칼날로 곰돌이 눈을 만듭니다.

3 김밥김을 가위로 세모나게 자르고 가장자리를 둥글게 해 1에 올립니다.

4 김펀치로 곰돌이 눈동자를 만들어 2에 올립니다.

5 소고기 감자 고로케 위에 3과 4를 올리고 마요네즈로 고정합니다.

6 게맛살의 빨간 부분을 칼날볼로 찍어 볼터치를 만듭니다.

➕ 꾸미기 도구가 없다면 슬라이스 치즈를 도마에 올리고 이쑤시개를 수직으로 세워 선을 긋듯 잘라 보세요. 예쁘게 잘 잘립니다. 둥근 부분은 칼날볼 대신 빨대를 사용해 보세요.

7 소시지도 칼날볼로 6개 찍고 그중 2개는 반으로 잘라 파스타면을 꽂습니다.

8 게맛살은 볼에, 파스타면을 꽂은 소시지는 귀에, 나머지 소시지는 코 아래에 붙입니다.

찹쌀떡
치즈구이

🕐 소요시간 5~10분

🧆 재료(2인분)

키리모찌 1개(혹은 가래떡, 떡볶이떡)
슈마이피 8장(혹은 만두피)
슬라이스 치즈 1장
현미유 적당량

1 키리모찌는 8등분합니다.

2 슬라이스 치즈는 비닐을 뜯지 않은 채
8등분합니다.

3 슈마이피에 슬라이스 치즈, 키리모찌
순으로 올립니다.

4 슈마이피 위아래에 물을 바르고 내용
물을 감쌉니다.

5 양옆도 물을 바르고 안쪽으로 접습니다.

6 달군 프라이팬에 현미유를 두르고 앞
뒤로 중불에서 1분간 굽습니다.

➕ 키리모찌는 사두면 여러모로 용이합니다. 유통기한이 길어서 비상용으로도 좋습니다. 만
두피보다 얇은 슈마이피는 굽는 시간을 줄일 수 있고 더욱 바삭합니다. 키리모찌와 슈마이피
모두 시중에서 구매가 가능합니다.

달걀찜

🕐 소요시간 10분

🍶 재료(1인분)

달걀 1개
우유 1작은술
소금 적당량
참기름 소량

🥢 도구

실리콘 틀

1 달걀, 우유, 소금을 잘 섞고 체에 거릅니다.

2 실리콘 틀에 참기름을 골고루 바릅니다.

3 프라이팬에 물을 1cm 높이로 붓고, 실리콘 틀을 올린 후 달걀물을 넣고 불을 켭니다.

4 물이 끓으면 약불로 줄이고 뚜껑을 덮어 2분간 더 끓입니다.

5 불을 끈 후 3분간 기다리면 완성입니다.

✚ 센불로 계속 끓이면 달걀이 부풀게 됩니다. 불을 끄고 뚜껑을 천천히 열어서 손으로 콕콕 눌러 보았을 때 탱탱하다면 완성되었다는 신호입니다.

✚ 우유 대신 마요네즈 1작은술을 넣으면 더욱 부드럽게 즐길 수 있답니다.

꽃 오므라이스 도시락

달걀지단과 노른자 밥으로 만든 꽃 모양의 오므라이스를 소개해 드려요. 여기서는 달걀노른자를 이용한 노른자 밥을 넣었지만 야채볶음밥, 치킨볶음밥 등 다양한 밥으로도 만들 수 있답니다. 메인 반찬은 닭고기와 감자를 조려 만든 메뉴입니다. 보통 돼지고기나 소고기로 만들지만 담백한 맛을 내고 싶어 닭고기로 만들어 보았어요. 마지막에 매콤한 청양고추를 넣으면 어른들이 먹기에도 좋습니다.

도시락 구성 | 닭고기 감자조림, 새송이 베이컨말이, 꽃 오므라이스

닭고기 감자조림

⏱ 소요시간 25~30분

🧂 재료(1인분)

닭다리살 250g
감자 3개(350g)
당근 1/2개(75g)
양파 1/2개(100g)
곤약 180g
현미유 적당량

소스
물 100ml
청주 3큰술
수수설탕 3큰술(혹은 흑설탕)
미림 4큰술
간장 3큰술

1 닭다리살은 한 입 크기로 썰고 감자, 당근, 양파, 곤약도 비슷한 크기로 준비합니다.

2 프라이팬에 현미유를 두르고 닭다리살 겉면이 노릇하게 익을 때까지 볶습니다.

3 나머지 재료를 넣고 30초간 볶다가 소스 재료를 모두 넣고 뚜껑을 덮은 후 중불에서 8분간 익힙니다.

4 뚜껑을 열고 물기가 졸아들 때까지 중불에서 30초~1분간 더 볶습니다.

✚ 뚜껑을 덮고 익힐 때 많이 졸이면 탈 수도 있으니 중간 중간에 뒤집어 주세요!

새송이
베이컨말이

🕐 소요시간 10분

👥 재료(2인분)

새송이 2개
베이컨 4장(72g)

🥄 도구

이쑤시개

1 새송이는 세로로 잘라서 준비합니다.

2 자른 새송이 2~3개를 베이컨으로 말아 이쑤시개로 고정합니다.

3 170도로 설정한 에어프라이어나 오븐에서 3분간 굽습니다.

✚ 프라이팬에 구울 때는 약불에서 한 면을 먼저 굽고 노릇해지면 뒤집어 뚜껑을 덮고 2분간 더 구워 주세요.

꽃
오므라이스

⏱ 소요시간 15분

🧍 재료(1인분)

쌀밥 100g
삶은 달걀노른자 1개
소금 2꼬집
달걀지단 1장 **14쪽 참고**

🍽 도구

김발

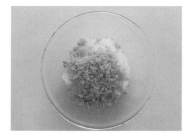

1 삶은 달걀노른자는 포크로 으깨고 쌀밥, 소금과 섞습니다.

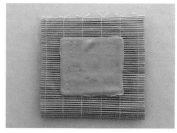

2 김발에 랩을 깔고 만들어 둔 달걀지단을 올립니다.

3 그 위에 노른자 밥을 옆으로 균등하게 펼칩니다.

4 반으로 접고 물방울 모양이 될 수 있도록 끝을 살짝 누릅니다.

5 김발로 모양을 잡습니다.

6 도시락통 사이즈에 알맞게 자르고 꽃모양으로 배치합니다.

치킨너깃 도시락

치킨너깃은 아이도 어른도 모두 좋아하는 반찬이죠! 기름기가 없어 담백한 닭안
심과 두부를 사용해 치킨너깃을 만들어 보았어요. 아이들 간식이나 밥반찬으로
도 아주 좋답니다. 함께 곁들이는 음식으로 봉어묵 치즈구이, 청경채 참치무침,
삼각 주먹밥도 준비했으니 같이 만들어 볼까요?

도시락 구성 | 치킨너깃, 봉어묵 치즈구이, 청경채 참치무침, 삼각 주먹밥

치킨너깃

⏱ 소요시간 20~25분

🧂 재료(8개)

닭안심 3조각(170g)
두부 150g
현미유 적당량

소스
마요네즈 2큰술
전분 2큰술
간장 1작은술
다진 마늘 1작은술
치킨스톡 1작은술

1 닭안심은 껍질과 힘줄을 떼고 다집니다.

2 두부는 키친타월로 물기를 제거합니다.

3 볼에 닭안심, 두부, 소스 재료를 모두 넣고 잘 섞습니다.

4 반죽을 8등분으로 나누고 동그랗게 성형합니다.

5 프라이팬에 현미유를 1cm 높이로 붓고, 180도가 되면 2~3분간 튀기듯 굽습니다.

✚ 취향에 따라 파슬리를 썰어서 넣거나 건조 파슬리 1/2작은술을 넣어도 향긋하답니다.

붕어묵
치즈구이

⏱ 소요시간 5~10분

🍶 재료(2인분)

붕어묵 4개
스트링 치즈 4개(혹은 슬라이스 치즈)
현미유 적당량

소스
청주 1작은술
미림 2작은술
간장 2작은술
올리고당 1작은술

1 붕어묵에 스트링 치즈를 넣고 먹기 좋게 반으로 자릅니다.

2 달군 프라이팬에 현미유를 두르고 스트링 치즈가 녹기 전까지 노릇하게 굽습니다.

3 소스 재료를 모두 넣고 간이 배도록 볶습니다.

청경채
참치무침

⏱ 소요시간 5~10분

🍶 재료(2인분)

청경채 230g
캔 참치 70g

소스
연두 1/2작은술
소금 1꼬집
참기름 1작은술
참깨 1작은술

1 세척한 청경채는 2cm 간격으로 자릅니다.

2 전자레인지 전용 용기에 줄기를 담고 랩을 씌워 1분 30초간 돌린 후 잎도 30초간 돌리고 물기를 꼭 짜줍니다.

➕ 청경채가 많이 익지 않도록 해주세요.

3 볼에 청경채, 기름을 뺀 캔 참치, 소스 재료를 모두 넣고 젓가락으로 버무립니다.

삼각 주먹밥

⏱ 소요시간 5~10분

🧑‍🍳 재료(4개)

쌀밥 230g
김밥김 1/3장
실고추 소량
오색 아라레 소량
검은깨 소량

🥢 도구

주먹밥 틀
김커터
핀셋
꾸미기 픽

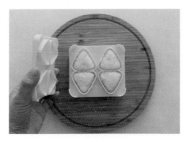

1 주먹밥 틀에 쌀밥을 채우고 뚜껑을 덮어 누르면 삼각 주먹밥이 만들어집니다.

2 김밥김 1/3장을 김커터로 찍어 작은 김을 만듭니다.

3 삼각 주먹밥 아래에 작은 김으로 띠를 두릅니다.

4 실고추를 잘라서 다양한 입 모양을 만듭니다.

5 오색 아라레를 이용해 귀여운 코를 만듭니다.

6 검은깨로 눈을 만들고 꾸미기 픽을 꽂습니다.

닭안심 스틱 도시락

닭안심은 특유의 담백함 때문에 아이들이 좋아하는 부위 중 하나입니다. 튀기지 않아도 바삭한 식감을 낼 수 있어 반찬으로 만들기 좋은 메뉴예요. 아이들이 먹기 좋은 스틱 모양으로 만들면 요리하기도 편하답니다. 어른들은 스리라차나 양념 소스에 찍어 먹어도 정말 맛있겠죠?

도시락 구성 | 닭안심 스틱, 당근 버터볶음, 게맛살 사과 달걀말이

닭안심 스틱

⏱ 소요시간 25~30분

🧂 재료(2인분)

닭안심 4조각(220g)
전분 2큰술
밀가루 2큰술
현미유 적당량

 소스
청주 1큰술
간장 1큰술
다진 마늘 6g

1 닭안심은 고깃결과 반대로 썰며 4등분 합니다.

2 지퍼 팩에 닭안심과 소스 재료를 넣은 후 양념이 잘 배도록 주무르고 20분간 둡니다.

3 지퍼 팩에 남은 소스는 키친타월로 닦고 전분과 밀가루를 넣어 흔들며 골고루 묻힙니다.

4 트레이에 튀김옷을 입힌 닭안심을 펼치고 냉장고에서 10분간 건조합니다.

5 프라이팬에 현미유을 넉넉하게 두르고 앞뒤로 2~3분간 노릇하게 굽습니다.

✚ 전분과 밀가루를 입힌 고기를 냉장고에서 건조하면 남은 수분이 날아가 튀김옷이 잘 벗겨지지 않습니다.

당근
버터볶음

⏱ 소요시간 10분

🧂 재료(2인분)

당근 1개(150g)
버터 5g
소금 4g
후추 1꼬집

1 약불로 달군 프라이팬에 버터를 올려 녹입니다.

2 당근은 채 썰어 프라이팬에 넣고 볶습니다.

 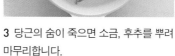 

3 당근의 숨이 죽으면 소금, 후추를 뿌려 마무리합니다.

게맛살
사과 달걀말이

⏱ 소요시간 5분

🧂 재료(4개)

게맛살 2개(길이 6cm)
달걀지단 1장(폭 6cm) **14쪽 참고**
검은깨 소량

🥄 도구

핀셋
잎사귀 픽

1 게맛살 2개를 합쳐 달걀지단 위로 올립니다.

2 게맛살을 돌돌 맙니다.

3 랩으로 싸서 양쪽을 돌려 고정합니다.

4 달걀말이를 잘라서 단면을 확인합니다.

5 검은깨로 사과씨를 표현합니다.

6 잎사귀 픽을 꽂아 사과 모양을 완성합니다.

닭안심 검은깨구이 도시락

담백한 닭안심과 고소한 검은깨는 궁합이 참 좋은 거 같아요. 튀김보다 만드는 방법도 간단하고 모양도 귀여워요. 기름을 적게 사용하는 부분도 장점입니다. 한 입 먹을 때마다 씹히는 검은깨의 고소함이 매력적이에요. 밋밋한 주먹밥에 생명을 불어넣어 귀여운 꼬꼬댁 주먹밥도 만들어 보았어요. 주먹밥을 만들 때 팁인데 주먹밥은 꼭꼭 누르는 것보다 살살 돌리며 만드는 게 더 맛있답니다.

도시락 구성 | 닭안심 검은깨구이, 꼬꼬댁 주먹밥

닭안심
검은깨구이

🕐 소요시간 30분

👥 재료(2인분)

닭안심 4조각(220g)
검은깨 2큰술
참깨 2큰술
현미유 적당량

소스
청주 2작은술
미림 2작은술
간장 2작은술
다진 마늘 1/2작은술

1 닭안심은 힘줄을 떼고 3등분합니다.

2 닭안심에 소스 재료를 모두 넣어 버무리고 10분간 냉장고에 둡니다.

3 양념이 밴 닭안심에 검은깨와 참깨를 골고루 묻힙니다.

4 프라이팬에 현미유를 두르고 중불에서 앞뒤를 각 1~2분씩 굽습니다.

✚ 구울 때 자주 뒤집으면 깨가 떨어질 수 있으니 여러 번 뒤집지 않는 것을 권합니다.

꼬꼬댁 주먹밥

⏱ 소요시간 10분

🧂 재료(1인분)

삼각 주먹밥 2개(각 100g)
김밥김 2장(3×10cm)
옥수수 4알
검은깨 소량
오색 아라레 소량(혹은 케첩)

🥢 도구

하트 픽

1 삼각 주먹밥 아래에 김밥김 띠를 앞은 짧고 뒤는 길게 붙입니다.

2 김밥김 위쪽에 젓가락으로 살짝 눌러 홈을 만들고 옥수수 2알을 쏙 넣습니다.

3 검은깨로 눈을, 오색 아라레 혹은 케첩 으로 볼터치를 만듭니다.

4 하트 픽을 꽂아 닭 벼슬을 만듭니다.

딸기 오므라이스 도시락

노란 달걀지단을 케첩으로 장식한, 보기도 예쁘고 맛도 좋은 오므라이스예요.
케첩으로 딸기 모양을 간단하게 그려 넣으니 한층 더 맛깔스럽게 변신했어요.
냉장고 속 간단한 재료로 뚝딱 만드는 베이컨 케첩 라이스도 정말 맛있답니다.
귀여운 딸기 오므라이스 도시락 도전해 보세요!

도시락 구성 | 베이컨 케첩 라이스, 케첩으로 딸기 모양 만들기

베이컨 케첩
라이스

⏱ 소요시간 15~20분

🧂 재료(2인분)

쌀밥 300g
양파 35g
당근 40g
베이컨 40g
버터 15g
달걀지단 2장 14쪽 참고

소스
케첩 5큰술
소금 1꼬집
후추 1꼬집
시판 다시다 1/2작은술

1 양파와 당근은 다지고 베이컨은 5mm 크기로 자릅니다.

2 달군 프라이팬에 버터를 올리고 양파, 당근, 베이컨을 넣어 양파가 투명해질 때까지 볶습니다.

3 프라이팬에 소스 재료를 모두 넣고 함께 볶습니다.

4 쌀밥을 넣고 골고루 볶으면 베이컨 케첩 라이스 완성입니다.

5 완성된 베이컨 케첩 라이스를 8등분으로 나누어 둥글게 만듭니다.

6 랩을 깔고 달걀지단 1/2장 위에 베이컨 케첩 라이스를 하나씩 올려 감쌉니다.

케첩으로
딸기 모양 만들기

⏱ 소요시간 5분

👥 재료

케첩 적당량
상추 소량
참깨 소량

🥣 도구

핀셋

1 케첩을 아래가 뾰족한 딸기 모양으로 짭니다.

2 상추를 잘게 찢어 딸기 꼭지를 표현합니다.

3 참깨를 케첩 위에 올려 딸기씨를 표현합니다.

오색 아라레는 쓰임이 많아 사용할 때마다 만족감이 높은 재료입니다. 아라레는 떡튀김을 말하는데요. 맛은 특별하지 않지만 조금만 사용해도 도시락 전체가 화사해지는 마법의 재료입니다. 빵가루 대신 아라레를 사용하면 예쁜 튀김을 완성할 수 있다는 사실! 단, 속 재료는 이미 다 익었거나 빨리 익는 재료로 사용해 주세요. 오색 아라레는 오래 튀기면 특유의 예쁜 색감이 흐려집니다.

오색 고구마 치즈볼 도시락

도시락 구성 | 오색 고구마 치즈볼, 오이 콘부 탕탕이, 소녀 주먹밥

오색 고구마 치즈볼

⏱ 소요시간 30분

🧂 재료(2인분)

고구마 2개(250g)
스트링 치즈 2개
파마산 치즈 2큰술
우유 2큰술
소금 소량
후추 소량
현미유 적당량

튀김옷
밀가루 2큰술
달걀 1개
오색 아라레 5큰술

1 고구마는 껍질을 벗기고 깍둑썰기 해서 전자레인지 전용 용기에 담고 4분씩 2회 돌립니다.

2 고구마를 으깨고 파마산 치즈, 우유, 소금, 후추를 넣어 잘 섞습니다.

3 반죽을 12등분해 동그랗게 성형하고, 스트링 치즈 2개는 12조각으로 자릅니다.

4 둥근 반죽을 납작하게 해 가운데 스트링 치즈 조각을 올리고 다시 감쌉니다.

5 밀가루, 달걀물, 오색 아라레 순으로 튀김옷을 입힙니다.

6 튀김팬에 현미유를 붓고 180도가 되면 1분간 튀깁니다.

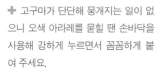

✚ 고구마가 단단해 뭉개지는 일이 없으니 오색 아라레를 묻힐 땐 손바닥을 사용해 강하게 누르면서 꼼꼼하게 붙여 주세요.

오이
콘부 탕탕이

⏱ 소요시간 5분

🧂 재료(2인분)

오이 2개
소금 1/2작은술
시오콘부 1.5큰술(염장 다시마)
연두 2작은술
참기름 1작은술
참깨 1큰술

🥄 도구

방망이

1 지퍼 팩에 오이를 넣어 방망이로 두드리고 4등분합니다. 소금을 뿌려 10분간 둡니다.

2 오이에서 나온 물기는 키친타월로 닦고 시오콘부, 연두를 넣어 섞습니다.

3 참기름과 참깨를 뿌려 버무립니다.

✚ 오이는 너무 세게 두드리면 물기가 많이 생기고 잘게 부서지기 때문에 중간 부분이 갈라지면 꺼내어 칼로 잘라 주는 편이 좋습니다.

소녀 주먹밥

⏱ 소요시간 5분

🧂 재료(2개)

삼각 주먹밥 2개(각 150g)
무 꽃 2개 213쪽 참고
검은깨 소량
실고추 소량
오색 아라레 소량(혹은 케첩)

🥄 도구

하트 픽

1 삼각 주먹밥 위에 검은깨로 눈을, 실고
추로 입을 만듭니다.

2 오색 아라레 혹은 케첩으로 코와 볼터
치를 만듭니다.

3 무 꽃을 삼각 주먹밥 윗부분에 올리고
하트 픽으로 고정합니다.

✚ 픽이 없다면 집에 있는 단단한 파스타면을 활용해 고정해도 됩니다. 파스타면을 에어프라
이어에 넣고 갈색이 될 때까지 구워서 픽 대신 사용해 주세요.

삼색 돼지고기말이 도시락

야채와 고기를 한 번에 먹을 수 있는 단면이 예쁜 반찬 소개해 드릴게요. 도시락 반찬의 정석이라 할 수 있는 메뉴인데요. 모양도 예쁘고 맛도 좋아서 자주 만드는 반찬입니다. 소스도 간단해서 다른 요리에도 활용할 수 있고 파프리카 대신 시금치를 넣어도 정말 맛있어요! 정말 강력 추천하는 도시락 반찬입니다.

도시락 구성 | 삼색 돼지고기말이, 토마토 오이 샐러드, 스마일 달걀말이

삼색
돼지고기말이

⏱ 소요시간 15~20분

👥 재료(2인분)

빨간 파프리카 1/2개
노란 파프리카 1/2개
깍지 강낭콩 14개(혹은 피망 2개)
샤브샤브용 돼지고기 200g
소금 적당량
후추 적당량
현미유 적당량

소스
간장 1큰술
미림 1큰술
설탕 1큰술
청주 1큰술

1 파프리카는 씨를 빼 세로로 길게 채 썰고, 돼지고기는 소금과 후추를 뿌려 밑간합니다.

2 돼지고기를 깔고 파프리카, 깍지 강낭콩을 넣어 단단하게 맙니다.

3 프라이팬에 현미유를 두르고 돼지고기말이 표면이 노릇해질 때까지 굽습니다.

4 소스 재료를 모두 넣고 물기가 없어질 때까지 굽습니다.

✚ 소스 재료 대신 굴소스 3큰술만 넣어도 맛있습니다.

토마토 오이
샐러드

⏱ 소요시간 10분

🍳 재료(2인분)

토마토 1개
오이 1개
굵은 소금 적당량
소스
참기름 1큰술
간장 1큰술
참깨 1큰술

1 토마토와 오이는 어슷썰기 해 각각 그릇에 담고 오이만 굵은 소금을 뿌립니다.

2 볼에 토마토, 오이, 소스 재료를 모두 넣어 버무립니다.

✚ 오이에서 물기가 나올 수 있으니 도시락통에 넣을 때는 반찬컵에 담아 주세요.

스마일
달걀말이

⏱ 소요시간 10분

🍳 재료(2~3개)

달걀말이(달걀 1개) 15쪽 참고
검은깨 소량
실고추 소량
오색 아라레 소량(혹은 케첩)

🥄 도구

김발

1 달걀말이가 따뜻할 때 김발로 돌돌 말아서 단단하게 고정하고 식힙니다.

2 달걀말이를 자르고 그 위에 검은깨로 눈을, 실고추로 입을, 오색 아라레 혹은 케첩으로 볼터치를 만듭니다.

✚ 달걀말이 겉면은 촉촉해 마요네즈를 사용하지 않아도 재료가 잘 붙지만, 도시락통에 넣을 때 마요네즈를 콕 찍어 붙이면 더욱 더 단단하게 고정됩니다.

오픈 딤섬 도시락

미니 사이즈로 한입에 쏙 들어가는 오픈 딤섬, 슈마이는 집에서도 쉽게 만들 수 있습니다. 돼지고기를 사용해 부드럽고 누구나 맛있게 즐길 수 있어요. 프라이팬으로 만드는 방법을 소개해 드릴 텐데요. 바닥은 바삭하고 위는 부드럽습니다. 찜기가 있다면 찜기로도 만들어 보세요. 전체적으로 촉촉한 슈마이를 맛볼 수 있답니다.

도시락 구성 | 슈마이, 햄 주먹밥

슈마이

⏱ 소요시간 40분

🧂 재료(20개)

돼지고기 다짐육 200g
양파 1/2개(90g)
전분 3큰술
슈마이피 20장(혹은 만두피)
완두콩 20알(혹은 옥수수)
현미유 적당량

소스
설탕 1큰술
간장 2큰술
다진 생강 1/2작은술
참기름 1큰술
청주 1작은술

1 양파는 잘게 다지고 전분과 섞습니다.

2 다른 볼에 돼지고기 다짐육과 소스 재료를 모두 넣고 버무립니다.

3 1과 2를 한데 넣고 섞으면 슈마이소가 완성됩니다.

4 슈마이피에 슈마이소를 1큰술 정도 올립니다.

5 슈마이피 꼭짓점으로 슈마이소를 감싸듯 올려 네모나게 만듭니다.

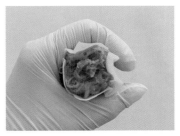

6 엄지와 검지를 사용해 슈마이피와 소를 잘 붙이고 동그랗게 굴립니다.

7 슈마이소 가운데에 완두콩 혹은 옥수수를 1알씩 올립니다.

8 달군 프라이팬에 현미유를 골고루 바르고 슈마이를 올려 중약불에서 1분간 굽습니다.

 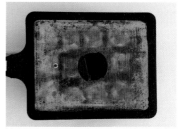

9 프라이팬에 물을 1cm 높이로 붓습니다. **10** 뚜껑을 덮고 10분간 찝니다.

11 뚜껑을 열고 슈마이를 손으로 눌렀을 때 탄력이 있다면 완성입니다.

✚ 슈마이를 찔 때 물이 없으면 탈 수 있으니 중간에 확인하면서 조금씩 물을 추가해 주세요.

햄 주먹밥

⏱ 소요시간 10~15분

🧂 재료(5개)

쌀밥 140g
부추 5줄
슬라이스 햄 5장
참기름 1작은술

🥢 도구

주먹밥 틀

1 슬라이스 햄 양면을 프라이팬에 1분간 굽습니다.

2 부추는 뜨거운 물에 넣어 숨이 살짝 죽을 만큼만 둡니다.

3 쌀밥과 참기름을 섞고 주먹밥 틀에 넣어 주먹밥을 만듭니다.

4 도마에 부추 1줄을 길게 깔고 슬라이스 햄을 올립니다.

5 그 위에 주먹밥을 올리고 햄으로 감쌉니다.

6 부추로 주먹밥을 2번 묶고 긴 줄기를 잘라내 정돈합니다.

✚ 슬라이스 햄은 뜨거운 물에 데쳐 사용해도 됩니다. 쌀밥은 슬라이스 햄과 함께 먹기 때문에 별도로 간을 하지 않았어요. 싱겁다는 생각이 들면 소금 간을 해도 됩니다.

✚ 주먹밥 틀에 참기름을 바르면 주먹밥을 꺼내기 수월합니다.

오므케이크 도시락

야들야들한 새우볶음밥 위로 달걀지단을 살포시 덮었어요. 오므라이스를 조각 케이크 모양으로 잘라 오므케이크로 만들었습니다. 마요네즈로 생크림도 표현하고 토핑을 얹어 케이크처럼 만들어 보아요. 맛있는 일본식 탕수육인 스부타를 사이드로 한 오므케이크 도시락입니다!

도시락 구성 | 새우볶음밥, 오므케이크, 스부타

새우볶음밥

⏱ 소요시간 15분

🧂 재료(1인분)

쌀밥 200g
칵테일 새우 5~6마리
채 썬 대파 1큰술
참기름 적당량(혹은 현미유)
소금 1꼬집
후추 1꼬집

1 프라이팬에 참기름을 두르고 칵테일 새우를 볶다가 색이 바뀌면 그릇에 옮겨 담습니다.

2 같은 프라이팬에 채 썬 대파를 넣고 향이 날 때까지 볶습니다.

3 쌀밥과 1의 새우를 넣고 골고루 볶다가 소금과 후추로 간을 합니다.

오므케이크

⏱ 소요시간 10분

🧂 재료(1인분)

새우볶음밥 240g
달걀지단 1장 14쪽 참고
마요네즈 소량
하트 캬라후루
컬러 후리카케

1 새우볶음밥은 달걀지단 길이에 맞게 모양을 잡고, 말아 랩으로 고정합니다.

2 랩을 감싼 채 삼각형으로 자릅니다.

3 마요네즈로 생크림을 표현하고 하트 캬라후루와 컬러 후리카케로 장식합니다.

스부타

⏱ 소요시간 20분

🧂 재료(2인분)

돼지고기 안심 200g
양파 1/2개(85g)
피망 2개
당근 100g
전분 1~2큰술
현미유 적당량
소금 1꼬집
후추 1꼬집

소스
물 1/2컵
케첩 2큰술
간장 1큰술
식초 1큰술
설탕 1.5큰술

1 양파, 피망, 당근은 한 입 크기로 자르고, 당근만 끓는 물에 1분간 데칩니다.

2 돼지고기 안심은 한 입 크기로 잘라 트레이에 담고 전분을 골고루 묻힙니다.

3 프라이팬에 현미유를 두르고 돼지고기 겉면이 익을 때까지 볶은 후 그릇에 옮겨 담습니다.

4 같은 프라이팬에 소스 재료를 모두 넣고 잘 섞습니다.

5 중불로 두고 3의 돼지고기를 넣어 졸이듯 볶습니다.

6 손질한 야채를 모두 넣고 졸이듯 볶다가 소금과 후추로 마무리 간을 합니다.

오색 새우튀김 도시락

도시락에 포인트 주기 좋은 오색 아라레로 만든 새우튀김. 평소에 만드는 새우튀김에 오색 아라레만 묻히면 귀여운 오색 새우튀김을 만들 수 있답니다. 생새우 손질법부터 아이들도 즐길 수 있는 맵지 않은 타르타르소스 만드는 법까지! 그리고 바쁜 일상에서 빠르게 만들 수 있는 전자레인지 오믈렛도 함께 소개해 드릴게요.

도시락 구성 | 오색 새우튀김, 타르타르소스, 양배추무침, 전자레인지 오믈렛

오색 새우튀김

⏱ 소요시간 30~35분

🧂 재료(6개)

생새우 6마리
소금 1꼬집
후추 1꼬집
밀가루 2큰술
달걀 1개
오색 아라레 2~3큰술
현미유 적당량

새우 세척용
전분 1작은술
소금 1/2작은술

✚ 새우는 빨리 익기 때문에 오래 튀길 필요가 없어요. 오색 아라레도 오래 튀기면 색이 변하니 새우 표면에 기름이 보글보글 올라오면 바로 꺼내세요!

1 생새우는 머리를 제거하고, 도마에 옆으로 뉘어 등에 칼집을 내 내장을 제거합니다.

2 껍질과 꼬리 쪽 물총을 제거합니다.

3 새우등을 도마 쪽으로 돌리고 안쪽 힘줄에 칼집을 냅니다.

4 볼에 손질한 생새우와 세척용 재료를 넣고 버무린 후 물로 헹굽니다.

5 새우는 트레이에 담아 소금과 후추를 뿌리고 10분간 둡니다.

6 밑간한 새우는 밀가루, 달걀물 순으로 튀김옷을 입힙니다.

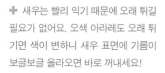

7 오색 아라레는 꼬리를 제외한 모든 곳에 꼼꼼하게 묻힙니다.

8 튀김팬에 현미유를 붓고 180도가 되면 1분 내외로 빠르게 튀깁니다.

타르타르소스

1 삶은 달걀은 껍질은 제거하고 볼에 넣 어 으깹니다.

2 나머지 재료를 모두 넣고 잘 섞습니다.

⏱ 소요시간 5~10분

🧂 재료(2인분)

삶은 달걀 1개
마요네즈 1큰술
청주 1/2작은술
황설탕 1/2작은술
파슬리 적당량(혹은 건조 파슬리)
소금 2~3꼬집
후추 1꼬집

✚ 타르타르소스에 양파가 빠지면 안 되지만, 아이들에겐 조금 매운 재료라 제외했어요. 이 타르타르소스는 아이들도 맛있게 먹을 수 있는 부드러운 타르타르소스랍니다.

양배추무침

1 양배추는 채 썰어 전자레인지 전용 용기 에 담고 랩을 씌워 50초~1분간 돌립니다.

2 볼에 양배추와 나머지 재료를 모두 넣 고 젓가락으로 버무립니다.

⏱ 소요시간 5분

🧂 재료(2인분)

양배추 70g
연두 1작은술
참기름 1작은술
통깨 1작은술

✚ 돈가스에는 항상 양배추 샐러드가 함께 있죠. 도시락에는 샐러드를 넣는 것보다 양배추무 침을 넣는 게 곁들여 먹기도 좋고 색감도 예쁘답니다.

전자레인지
오믈렛

⏱ 소요시간 5분

🍶 재료(2인분)

달걀 1개
우유 1큰술
파마산 치즈 1작은술

1 볼에 달걀, 우유, 파마산 치즈를 넣고 잘 풀어 준비합니다.

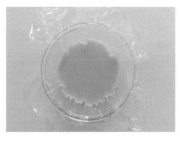

2 전자레인지 전용 용기에 랩을 깔고 달걀물을 붓습니다.

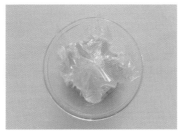

3 랩을 여유 있게 묶고 전자레인지에 50 초~1분간 돌립니다.

4 랩으로 오믈렛 모양을 잡고 양쪽을 고정해 식힙니다.

✚ 랩은 살짝만 묶어도 됩니다. 전자레인지 성능에 따라 달걀물이 익는 시간이 다를 수 있으니 중간에 익은 정도를 확인해 주세요. 뜨거운 달걀에 화상을 입지 않도록 주의합니다.

무지개 소보로 도시락

소보로 도시락 중 단연 돋보이는 것이 바로 무지개 소보로 도시락이에요. 여러 반찬을 만들어 두면 소보로 덮밥으로 만들거나 김밥 재료로 바로 사용할 수 있어요! 도시락 뚜껑을 여는 순간, 소담하게 담긴 반찬들의 모습에 감탄이 나올 거예요. 특별한 날, 가족들을 위해 만들어 보세요.

도시락 구성 | 적양배추볶음, 시금치무침, 당근 시로다시볶음, 돼지고기 소보로, 해바라기 소시지

적양배추볶음

⏱ 소요시간 10분

🧂 재료(2인분)

적양배추 140g
참기름 1작은술

소스
연두 1작은술
참깨 1작은술

1 프라이팬에 참기름을 두르고 채 썬 적양배추를 중약불에서 볶습니다.

2 적양배추의 숨이 죽으면 연두를 넣어 볶다가 참깨를 뿌려 마무리합니다.

시금치무침

⏱ 소요시간 10분

🧂 재료(2인분)

시금치 200g

소스
간장 1큰술
설탕 2작은술
깨소금 1큰술
소금 1꼬집

1 시금치는 데쳐서 물기를 꼭 짜고 5등분으로 자릅니다.

2 볼에 시금치와 소스 재료를 모두 넣어 버무립니다.

당근 시로다시
볶음

1 달군 프라이팬에 참기름을 두르고 채 썬 당근을 중불에서 볶습니다.

2 당근이 부드러워지면 시로다시, 설탕, 소금을 넣고 물기가 없어질 때까지 볶다가 참깨를 뿌려 마무리합니다.

⏱ 소요시간 10분

🧂 재료(2인분)

당근 1개
참기름 1작은술

소스
시로다시 1작은술(가다랑어포 간장)
설탕 1/2작은술
소금 소량
참깨 1작은술

돼지고기
소보로

1 끓는 물에 돼지고기 다짐육을 데치고 물기를 뺀 후 프라이팬에 중불로 1분간 볶습니다.

2 소스 재료를 모두 넣고 물기가 없어질 때까지 볶습니다.

⏱ 소요시간 10~20분

🧂 재료(2인분)

돼지고기 다짐육 200g

소스
간장 2큰술
청주 1큰술
미림 1큰술
설탕 2큰술
다진 생강 1작은술

해바라기
소시지

🕐 소요시간 10분

🍶 재료(2개)

소시지 2개

🥄 도구

잎사귀 픽

1 소시지 1개는 사선으로 촘촘하게 칼집을 냅니다.

2 사선으로 칼집을 낸 소시지는 다시 세로로 반을 자릅니다.

3 다른 소시지 1개는 3등분하고 단면을 바둑판 모양으로 칼집을 냅니다.

4 달군 프라이팬에 모든 소시지를 넣고 노릇하게 굽습니다.

5 긴 소시지로 바둑판 소시지를 둘러 감쌉니다.

6 잎사귀 픽으로 소시지를 고정합니다.

떠먹는 초밥 도시락

덮밥 스타일의 떠먹는 초밥이에요. 간이 된 밥을 깔고 그 위에 각종 토핑을 올려 와사비 혹은 간장을 곁들여 먹는 요리입니다. 모양이 참 정갈하고 예뻐서 손님 상차림에도 자주 활용되는 요리예요. 떠먹는 초밥을 도시락으로 즐겨 볼까요?

도시락 구성 | 표고버섯조림, 다시마 밥, 초밥용 달걀지단, 오이·래디시·강낭콩 손질하기, 연어·새우 손질하기, 다시마 육수, 연근 초절임, 도시락 예쁘게 담기

표고버섯조림

⏱ 소요시간 20~30분

🍶 재료(3개)

건조 표고버섯 3개
물 130ml
간장 1큰술
미림 1큰술
황설탕 1큰술

1 물에 건조 표고버섯을 넣고 6시간 이상 불립니다.

2 버섯 불린 물은 따로 두고, 표고버섯의 줄기만 가위로 잘라 냅니다.

3 냄비에 버섯 불린 물, 표고버섯 갓, 간장, 미림, 황설탕을 넣고 끓입니다.

4 팔팔 끓을 때 흰 거품이 올라오면 걷어내고 약불로 바꿔 천천히 졸입니다.

5 국물이 자작하게 남을 때까지 졸입니다.

다시마 밥

🕐 소요시간 백미 모드

🧂 재료(2인분)

쌀 1컵
물 적당량
다시마 1장(5×5cm)
표고버섯조림 2개

단촛물
식초 20ml
황설탕 1큰술
소금 1/2작은술

1 깨끗이 씻은 쌀을 밥솥에 넣어 정량대로 물 맞추고 다시마를 넣어 취사합니다.

2 표고버섯조림은 잘게 다지고 단촛물 재료를 준비합니다.

3 볼에 갓 지은 밥을 담고 표고버섯조림과 단촛물 재료를 모두 넣어 섞습니다.

초밥용 달걀지단

🕐 소요시간 5~10분

🧂 재료(1인분)

달걀 1개
현미유 적당량

소스
설탕 1/2작은술
청주 1작은술
소금 1꼬집

1 달걀과 소스 재료를 잘 섞습니다.

2 달군 프라이팬에 현미유를 두르고 약불로 달걀지단을 만듭니다.

3 한 김 식힌 후 채 썰어서 준비합니다.

오이, 래디시,
강낭콩 손질하기

🕐 소요시간 10~15분

🍽 재료(2인분)

오이 1개
래디시 1개
깍지 강낭콩 3~4개
굵은 소금 적당량
소금 적당량

1 오이는 굵은 소금으로 세척하고 세로로 4등분해 씨를 제거합니다.

2 먹기 좋은 크기로 자르고 준비한 소금을 뿌려 버무립니다.

3 10분 후 오이에서 나온 물기를 키친타월로 제거합니다.

4 깨끗이 씻은 래디시는 줄기를 자릅니다.

5 빨간 무를 너무 얇지 않게 저밉니다.

6 끓는 물에 굵은 소금을 넣고 깍지 강낭콩을 살짝 데칩니다.

연어, 새우
손질하기

⏱ 소요시간 10분

🧂 재료(2인분)

연어살 1조각(4~5cm)
칵테일 새우 6마리

1 연어살은 순살로 준비하고 먹기 좋은
크기로 자릅니다.

2 칵테일 새우는 끓는 물에 살짝 데칩
니다.

다시마 육수

⏱ 소요시간 0분

🧂 재료(1L)

물 1L
다시마 10g

1 용기에 물을 붓고 다시마를 넣습니다.

2 향이 날아가지 않게 뚜껑을 덮고 냉장
고에 3시간 이상 둡니다.

연근 초절임

🕐 소요시간 20분

🧂 재료(2~3인분)

연근 250g
굵은 소금 1/2작은술
소금 1/2작은술

절임 재료
다시마 육수 150ml
청주 100ml
황설탕 4큰술

1 세척한 연근은 껍질을 벗기고 3~4mm 두께로 썹니다.

2 끓는 물에 굵은 소금을 넣고 연근을 3분간 데칩니다.

3 평평한 채반에 연근을 담아 소금을 골고루 뿌리고 식힙니다.

4 깨끗한 용기에 절임 재료를 모두 넣고 잘 섞습니다.

5 충분히 식힌 연근을 4에 넣고 냉장고에 3시간 이상 둡니다.

6 연근의 구멍 사이를 자르고 둥글게 만들면 예쁜 꽃 모양이 됩니다.

도시락
예쁘게 담기

⏱ 소요시간 10분

🍴 재료(1인분)

표고버섯조림 1개
다시마 밥 250g
초밥용 달걀지단 1장
오이 2큰술
래디시 적당량
깍지 강낭콩 2개
연어살 3~4개
칵테일 새우 4마리
연근 초절임 3개

1 도시락통에 다시마 밥을 담습니다.

2 그 위에 채 썬 초밥용 달걀지단을 깝니다.

3 오이를 지지대로 사용해 연근 초절임을 올리고 앞쪽에는 연어살을 올립니다.

4 연근 초절임을 중심으로 칵테일 새우와 채 썬 표고버섯조림을 군데군데 올립니다.

5 래디시와 어슷썰기 한 깍지 강낭콩을 올려 마무리합니다.

일본식 닭튀김 도시락

도시락 반찬 중 롱런 중인 가라아게는 일본식 닭튀김을 말합니다. 닭고기와 마요네즈가 만나면 살코기가 부드러워진다는 사실 알고 계셨나요? 마요네즈에 닭고기를 버무려 10분 이상 두면 닭고기가 부드럽게 변신한답니다. 집에 있는 재료만으로 일식 전문점 가라아게 맛을 낼 수 있어요!

도시락 구성 | 가라아게, 팽이버섯 콘버터

가라아게

⏱ 소요시간 20~30분

🧂 재료(2인분)

닭다리살 300g
밀가루 2큰술
전분 2큰술
현미유 적당량

소스
마요네즈 2큰술
다진 마늘 1작은술
다진 생강 1작은술
청주 2작은술
간장 2작은술

1 닭다리살은 한 입 크기로 자르고 소스 재료와 버무려 10분간 둡니다.

2 트레이에 밀가루, 전분을 준비합니다.

3 1의 닭다리살에 밀가루, 전분을 골고루 묻힙니다.

4 튀김팬에 현미유를 붓고 170도가 되면 4~5분간 튀깁니다.

팽이버섯
콘버터

⏱ 소요시간 5~10분

🧂 재료(2인분)

팽이버섯 50g
통조림 옥수수 90g

소스
간장 1작은술
버터 10g
후추 소량

1 팽이버섯은 먹기 좋은 크기로 자르고 통조림 옥수수의 물은 버립니다.

2 달군 프라이팬에 팽이버섯, 통조림 옥수수, 간장, 버터를 넣고 중약불로 볶습니다.

3 물기가 없어지면 후추로 마무리합니다. 아이가 먹을 때는 후추를 생략해도 좋습니다.

키마카레 해바라기 도시락

카레로 도시락을 싸고 싶은데 샐까 봐 걱정되죠? 그럴 때 가장 좋은 메뉴가 바로 키마카레입니다. 카레에 고기와 야채를 듬뿍 넣어 되직하게 만든 요리예요. 카레 가루만 있다면 바로 만들 수 있고 물기가 적어 카레가 흐를 일도 없답니다! 맛있는 키마카레에 깔끔한 적양파 토마토 샐러드를 곁들여 보았어요.

도시락 구성 | 키마카레, 적양파 토마토 샐러드, 달걀지단 해바라기

키마카레

⏱ 소요시간 20분

👥 재료(2인분)

소고기 다짐육 170g
양파 100g
당근 60g
피망 1개
파프리카 30g
현미유 적당량
카레 가루 70g
케첩 2큰술
물 60ml

1 양파, 당근, 피망, 파프리카는 작게 깍둑썰기 합니다.

2 프라이팬에 현미유를 두르고 양파가 투명해질 때까지 볶습니다.

3 소고기 다짐육을 넣고 볶다가 붉은 기가 사라지면 당근도 넣어서 볶습니다.

4 당근이 투명해지면 나머지 야채도 넣고 골고루 섞으며 볶습니다.

5 불을 끄고 카레 가루, 케첩, 물을 넣은 후 다시 약불에서 10분간 끓입니다.

적양파 토마토 샐러드

⏱ 소요시간 10~15분

👥 재료(2인분)

적양파 1개
방울토마토 10~15개

소스
올리브오일 1큰술
식초 1.5큰술
꿀 1큰술
소금 2/3작은술
후추 2꼬집

1 적양파는 채 썰어서 차가운 물에 10분 간 담갔다가 건져 냅니다.

2 볼에 소스 재료를 모두 넣고 뽀얗게 될 때까지 거품기로 젓습니다.

3 2에 반으로 자른 방울토마토와 1의 적 양파를 넣고 섞습니다.

달걀지단 해바라기

⏱ 소요시간 10분

👥 재료(1개)

달걀지단 1장 14쪽 참고

🥄 도구

햄치즈커터

1 달걀지단을 햄치즈커터로 찍어 타원형 여러 개를 만듭니다.

2 쌀밥 위에 타원형 달걀지단을 3단으로 쌓아 해바라기 꽃잎을 표현합니다.

롤 햄 커틀릿 도시락

냉장고 안에 고기도 없고 반찬 만들 시간도 없을 때 만들면 좋은 메뉴예요. 모양은 돈가스처럼 보이지만 사실은 햄과 치즈로 만든 햄 커틀릿입니다. 햄 2장으로 만들 수도 있고 여러 겹 쌓아서 만드는 방법도 있어요. 이번에는 동그랗게 말아서 만드는 방법을 소개하겠습니다. 튀김 요리를 할 때 밀가루와 달걀물을 묻히는 번거로운 과정을 쉽게 할 수 있는 팁까지 모두 알려드려요!

도시락 구성 | 롤 햄 커틀릿, 게맛살 시금치무침

롤 햄 커틀릿

⏱ 소요시간 25~30분

👥 재료(2개)

슬라이스 햄 8장
슬라이스 치즈 4장
현미유 적당량

튀김옷
밀가루 3큰술
달걀 1개
물 30ml
빵가루 2~3큰술

🥄 도구

이쑤시개

1 볼에 밀가루, 달걀, 물을 넣고 뭉치지 않게 잘 섞습니다.

2 슬라이스 햄 3장을 도마 위에 살짝 겹치게 깔고 그 위에 슬라이스 치즈 2장을 나란히 올립니다.

3 끝부분부터 돌돌 말고 슬라이스 햄 1장으로 전체를 감쌉니다.

4 이쑤시개를 이용해 고정합니다.

5 4에 1의 반죽을 바르고 빵가루를 골고루 묻힙니다.

6 튀김팬에 현미유를 넉넉하게 붓고 180도가 되면 넣었다가 떠오르면 바로 꺼냅니다.

➕ 튀김을 좀 더 튼튼하게 만들고 싶다면 과정 5를 2차례 진행하면 됩니다. 치즈는 빨리 녹아 버리니 오래 튀기지 말고 노릇해지면 바로 꺼내 주세요.

게맛살
시금치무침

🕐 소요시간 10~15분

🧂 재료(2인분)

시금치 200g
게맛살 1줄

소스
연두 1큰술
깨소금 1큰술
참기름 1큰술

1 세척한 시금치는 끓는 물에 줄기 먼저 넣고 30초, 잎까지 넣어 30초간 데칩니다.

2 시금치를 건져 물기를 짠 후 완전히 식으면 먹기 좋은 크기로 자릅니다.

3 게맛살은 가로로 반을 자른 후 손으로 잘게 찢어 시금치와 함께 볼에 넣습니다.

4 소스 재료를 모두 넣고 젓가락으로 버무립니다.

연근 동그랑땡 도시락

첫째 아이가 코피가 자주 나서 연근을 챙겨 먹이고 있는데요. 연근 유부초밥, 연근튀김, 연근조림 등 다양한 요리로 만들어 먹이지만 아이가 가장 잘 먹는 메뉴는 바로 연근 동그랑땡입니다. 부드럽게 다진 고기에 아삭한 식감의 연근을 다져 넣고 달콤한 소스로 마무리한 연근 동그랑땡과 곁들임 반찬 메뉴를 소개하겠습니다.

도시락 구성 | 연근 동그랑땡, 만두피 햄꽃, 토마토 마리네이드, 꿀 달걀말이

연근 동그랑땡

🕐 소요시간 20~30분

🍱 재료(2인분)

연근 200g
돼지고기 다짐육 200g
대파 1/2개
전분 1/2큰술
소금 1꼬집
현미유 적당량

소스
간장 1큰술
미림 1큰술
설탕 1/2큰술
청주 1/2큰술

1 연근은 잘게 다져서 물에 담가 두고, 대파도 다져서 준비합니다.

2 볼에 돼지고기 다짐육, 대파, 전분, 소금을 넣고 섞습니다.

3 연근은 물을 버리고 2에 넣어 섞습니다.

4 반죽을 8등분해 동그랗게 성형합니다.

5 프라이팬에 현미유를 두르고 동그랑땡을 앞뒤로 노릇하게 굽습니다.

6 소스 재료를 하나씩 넣고 졸입니다.

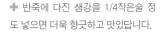

➕ 반죽에 다진 생강을 1/4작은술 정도 넣으면 더욱 향긋하고 맛있답니다.

만두피 햄꽃

⏱ 소요시간 10~15분

🧍 재료(1개)

만두피 2장
슬라이스 햄 2장
슬라이스 치즈 1장

🥣 도구

실리콘 틀

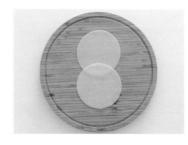

1 도마 위에 만두피 2장을 살짝 겹쳐 올립니다.

2 그 위에 슬라이스 햄 2장을 올립니다.

3 슬라이스 치즈를 반으로 자르고 세로로 나란히 올립니다.

4 그대로 반으로 접고 세로로 3군데 칼집을 냅니다.

5 한쪽을 잡고 돌돌 맙니다.

6 둥글게 말아 실리콘 틀에 넣습니다.

7 에어프라이어를 170도로 설정하고 3~4분간 굽습니다.

✚ 에어프라이어를 사용할 때는 중간에 타지 않는지 확인해 주세요. 마무리로 잎사귀 픽이나 완두콩으로 꾸며도 귀엽습니다.

토마토
마리네이드

1 방울토마토와 포션치즈를 먹기 좋은 크기로 자르고 볼에 모든 재료를 넣어 버무립니다.

⏱ 소요시간 10분

🧂 재료(2인분)

방울토마토 100g
포션치즈 2개
올리브유 1큰술
소금 1꼬집
후추 1꼬집
파슬리 1꼬집

꿀
달걀말이

1 달걀, 꿀, 소금을 넣고 잘 섞습니다.

2 달군 프라이팬에 버터를 녹이고 1을 붓습니다.

⏱ 소요시간 15분

🧂 재료(2인분)

달걀 2개
꿀 2작은술
소금 1꼬집
버터 2g

🍽 도구

김발

3 밑면이 어느 정도 익으면 끝부분부터 돌돌 맙니다.

4 달걀말이를 김발로 돌돌 말고 식힙니다.

➕ 달걀말이를 단단하게 만들고 싶을 때는 김발로 만 후 고무줄로 2~3군데를 묶어 고정합니다.

금붕어 소면 도시락

한여름에 빠질 수 없는 게 소면 요리입니다. 얼음 동동 띄운 멘쯔유에 차가운 소면을 콕 찍어 고추냉이와 함께 먹으면 정말 별미예요. 소면만으로는 살짝 부족하니 샤부샤부 참깨범벅으로 영양도 챙겨 보았습니다. 마지막으로 뚜껑을 열자마자 보이는 빨간 토마토 금붕어! 소면 위를 헤엄치는 듯한 모습이랍니다.

도시락 구성 | 샤부샤부 참깨범벅, 소면 삶기, 토마토 금붕어

샤부샤부
참깨범벅

⏱ 소요시간 15~20분

🧂 재료(2인분)

샤부샤부용 돼지고기 100g
간 참깨 1작은술
소금 2꼬집

1 끓는 물에 샤부샤부용 돼지고기를 넣고 색이 바뀌면 건져 물기를 텁니다.

2 건진 돼지고기에 간 참깨와 소금을 넣고 버무립니다.

소면 삶기

⏱ 소요시간 5~10분

🧂 재료(2인분)

소면 100g

1 끓는 물에 소면을 넣고 포장지에 적힌 시간만큼 삶은 후 건져 찬물에 담급니다.

2 소면 겉에 묻은 끈적한 밀가루를 제거하기 위해 살짝 비비면서 씻습니다.

3 포크 혹은 손을 이용해 돌돌 말아서 도시락통에 가지런히 담습니다.

➕ 돌돌 말아 담으면 면이 서로 섞이지 않습니다. 면이 잘 안 풀린다면 먹기 전에 생수를 조금 넣어서 살살 풀어주세요.

➕ 냉동실에 멘쯔유를 넣고 살짝 얼리면 도시락을 차갑게 즐길 수 있어요.

토마토 금붕어

1 방울토마토 꼭지를 위로 오게 하고 반으로 자릅니다.

2 방울토마토 반은 세로로 5등분합니다.

⏱ 소요시간 5~10분

🧂 재료(2마리)

방울토마토 2개
슬라이스 치즈 소량
김밥김 소량
오크라 1개(생략 가능)

🥢 도구

칼날볼
김펀치

3 나머지 반을 가운데 놓고 5등분한 것으로 지느러미와 꼬리를 만듭니다.

4 슬라이스 치즈를 칼날볼로 찍어 눈을, 김밥김을 김펀치로 찍어 눈동자를 만듭니다.

5 오크라는 채 썰어서 토마토 금붕어 주변을 장식합니다.

114

야채 볶음 국수 도시락

야채와 고기 그리고 면을 볶아 만든 야키소바는 한 끼 식사로 훌륭하고 맛있지만, 소스 만들기가 복잡한 편인데요. 라면보다 간단하게 만들 수 있는 야키소바 소스 비법을 공개하겠습니다. 바로, 굴소스! 굴소스만 있다면 별도로 소스를 구입할 필요가 없어요. 돼지고기를 넣어 야키소바를 만들어 볼 텐데요. 돼지고기가 없다면 소시지를 넣어 만들어도 정말 맛있답니다.

도시락 구성 | 소시지 문어, 야키소바

소시지 문어

1 소시지 가운데를 사선으로 자릅니다.

2 소시지 반쪽 2/3 지점에 직각으로 칼집을 내고, 밑은 대각선으로 잘라 입을 만듭니다.

⏱ 소요시간 5~10분

👨‍🍳 재료(2개)

소시지 1개(길이 6cm)
검은깨 소량

🥣 도구

이쑤시개
모자 픽

3 소시지 아래 사선 부분에 칼집을 내고 달군 프라이팬에 구워 문어 다리처럼 벌어지게 합니다.

4 소시지에 검은깨를 붙여 눈을 표현합니다.

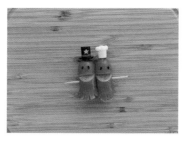

5 모자 픽으로 꾸미고 소시지 문어 2개를 이쑤시개로 나란히 고정합니다.

➕ 소시지 문어는 도시락 단골 반찬이죠. 사선으로 잘라 문어 다리를 만들기 힘들다면 직선으로 잘라 만들어도 된답니다.

야키소바

⏱ 소요시간 15~20분

👥 재료(2인분)

야키소바면 150g
샤부샤부용 돼지고기 100g
숙주 70g
당근 30g
새송이 30g
부추 30g
현미유 적당량

소스
청주 1/2큰술
굴소스 1큰술
간장 1/2큰술
소금 소량

1 샤부샤부용 돼지고기와 부추는 5cm 길이로 자르고, 당근은 채 썹니다.

2 야키소바면은 조리 전 물에 풀어 겉면의 기름기를 씻습니다.

3 달군 프라이팬에 현미유를 두르고 돼지고기를 약불로 볶습니다.

4 청주를 넣고 고기가 익을 때까지 중불에서 1분간 볶다가 숙주와 당근도 넣고 30초간 볶습니다.

5 물기를 제거한 야키소바면과 새송이를 넣어 볶습니다.

6 굴소스, 간장, 소금을 넣고 섞으며 볶습니다.

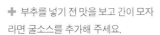

➕ 부추를 넣기 전 맛을 보고 간이 모자라면 굴소스를 추가해 주세요.

7 불을 끄고 부추를 넣어 남은 열기로 볶습니다.

오색 냉라멘 도시락

여름에 먹기 좋은 냉라멘을 소개하겠습니다. 야채와 면만 있으면 간단하게 만들어 시원하게 먹을 수 있는 메뉴입니다. 시판 소스는 간장 베이스가 많은데, 그것보다는 직접 만들어 먹는 걸 추천해 드려요. 건강하고 맛있는 참깨 소스를 넣은 냉라멘입니다.

도시락 구성 | 참치 양배추 만두, 냉라멘

참치 양배추 만두

⏱ 소요시간 20~25분

🧂 재료(16개)

양배추 2장(70g)
캔 참치 70g
채 썬 대파 2큰술
소금 1꼬집
후추 1꼬집
간장 1작은술
다진 마늘 1작은술
슈마이피 16장(혹은 만두피)
물 1큰술
현미유 적당량

1 양배추는 잘게 다져 전자레인지 전용 용기에 담고 랩을 씌워 1분 30초간 돌립니다.

2 소금과 후추를 넣고 손으로 조물조물 버무립니다.

3 기름을 뺀 캔 참치, 채 썬 대파, 간장, 다진 마늘도 넣고 버무립니다.

4 슈마이피에 3의 만두소를 1작은술 올리고 위아래, 양옆에 물을 묻혀 붙입니다.

5 현미유 두른 프라이팬에 만두를 올리고 물을 넣은 후 뚜껑을 덮어 중약불로 익힙니다.

6 물기가 없어지면 뚜껑을 열어 약불로 줄이고 만두를 앞뒤로 노릇하게 익힙니다.

➕ 캔 참치와 양배추는 바로 먹어도 괜찮기 때문에 오랫동안 굽지 않아도 됩니다.

냉라멘

⏱ 소요시간 20~30분

🧂 재료(2인분)

라면사리 1개
오이 1/2개
오크라 2개(생략 가능)
당근 1/4개
파프리카 1/4개
슬라이스 햄 2장
게맛살 1~2줄
삶은 달걀 1개
굵은 소금 적당량
참기름 1작은술

소스
식초 2큰술
수수설탕 2큰술(혹은 흑설탕)
간장 1작은술
참기름 2작은술
간 참깨 4작은술
소금 1꼬집
물 2큰술

1 볼에 소스 재료를 모두 넣고 섞어 참깨 소스를 만듭니다.

2 오이는 세로로 4등분하고 씨를 제거한 후 채 썹니다.

3 오크라는 겉면 솜털을 굵은 소금으로 비벼 없애고 꼭지를 제거한 후 끓는 물에 데칩니다.

4 당근, 파프리카, 슬라이스 햄은 채 썰고 게맛살은 손으로 잘게 찢습니다.

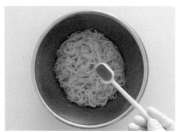

5 끓는 물에 라면사리를 익히고 찬물에 헹군 후 참기름을 넣어 골고루 비빕니다.

6 도시락통에 면을 돌돌 말아 넣고 준비한 재료를 가지런히 올립니다.

7 삶은 달걀은 반으로 자르고 냉라멘 위에 올려 마무리합니다.

➕ 참깨 소스는 별도 용기에 담아 냉동실에서 살짝 얼리면 먹을 때도 시원하고 도시락 보냉팩 역할도 하니 일석이조입니다.

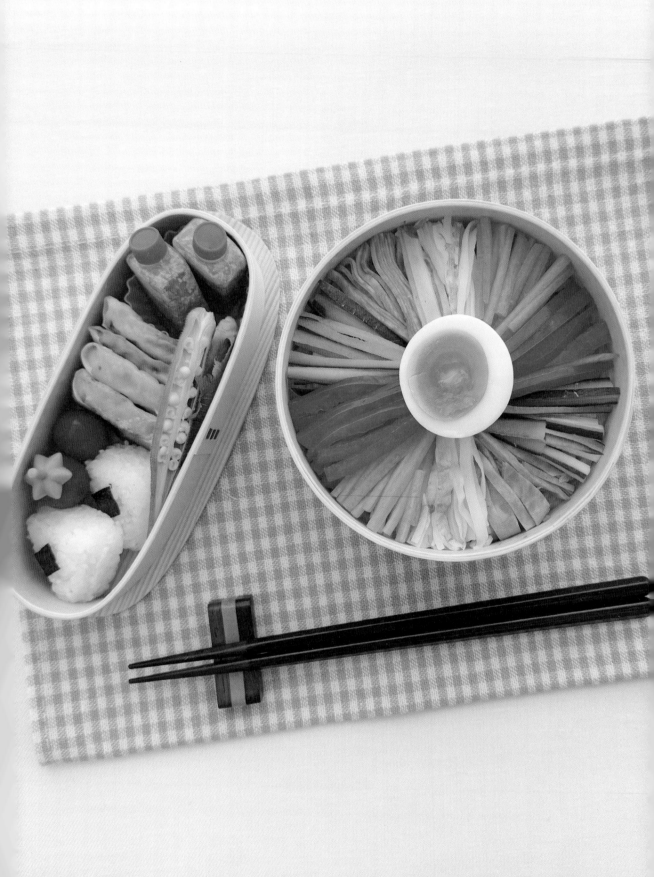

파스타 자매 도시락

미트소스를 넉넉히 만들어 두면 파스타, 라자냐 등 다양한 요리에 활용할 수 있어요. 냉장고에 있으면 든든한 소스랍니다. 냉동 보관할 때는 냉동실 전용 용기에 담아 공기를 빼고 급속 냉동하고 2주 전후로 다 먹어야 합니다. 맛있는 미트소스로 만드는 깔끔한 파스타 도시락을 만들어 보아요.

도시락 구성 | 미트소스, 파스타 삶기, 파스타 소녀

미트소스

⏱ 소요시간 15~20분

🍳 재료(2~3인분)

소고기 다짐육 200g
당근 40g
양파 40g
양송이 6개
베이컨 36g
다진 마늘 1작은술
올리브유 적당량
소금 2꼬집
후추 2꼬집

소스

토마토 홀 3~4개(400g)
레드와인 2큰술
우스터소스 1.5큰술
넛맥가루 2꼬집
케첩 2큰술
월계수잎 1장

1 당근, 양파, 양송이는 잘게 다진 후 올리브유를 두른 프라이팬에 볶습니다.

2 양파가 투명해지면 잘게 자른 베이컨과 다진 마늘을 넣고 3~4분간 볶습니다.

3 소고기 다짐육도 넣고 소금, 후추를 뿌려 고기가 익을 때까지 볶습니다.

4 소스 재료를 넣고 10분 이상 끓입니다.

✚ 월계수잎은 5분 정도가 지나면 빼 주세요. 미트소스 레시피는 면수 사용과 치즈를 추가하는 맛까지 생각해 조금 싱겁게 만들었으니 참고해 주세요.

파스타 삶기

⏱ 소요시간 8~10분

🧑‍🍳 재료(1인분)

반으로 자른 파스타면 100g
올리브유 1작은술

✚ 도시락용 파스타면은 꼭 찬물로 헹
군 후 미트소스와 섞어 주세요. 면이 뜨
거우면 서로 붙고 불어버립니다.

1 파스타면은 포장지에 적힌 시간만큼
삶아서 건져 냅니다.

2 찬물로 헹궈 파스타면 겉의 밀가루를
제거합니다.

3 파스타면에 올리브유를 붓고 젓가락으
로 휘저으며 골고루 묻힙니다.

4 포크를 이용해 한 입 크기로 만들어 도
시락통에 넣습니다.

파스타 소녀

⏱ 소요시간 5~10분

🧑‍🍳 재료(1개)

미트소스 파스타 30~40g
슬라이스 치즈 소량
김밥김 소량
실고추 소량
오색 아라레 소량

🥣 도구

실리콘 틀
햄치즈커터
김펀치
리본 픽

1 미트소스에 버무린 파스타를 실리콘
틀에 담고, 그 위에 슬라이스 치즈를 햄치
즈커터로 찍어 만든 타원형을 올립니다.

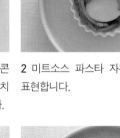

2 미트소스 파스타 자투리로 앞머리를
표현합니다.

3 김밥김을 김펀치로 찍어 눈을, 실고추
로 입을 만듭니다.

4 오색 아라레로 볼터치를 표현하고 리
본 픽을 꽂습니다.

푸실리 샐러드 도시락

푸실리로 만든 샐러드는 만들기 쉽고 맛도 상큼하답니다. 파스타로 도시락을 쌀 때 서로 엉겨 붙지 않을까 걱정하게 되는데요. 파스타면을 반으로 잘라 사용하거나 푸실리와 같은 짧은 파스타 종류로 요리하면 됩니다. 또 끓는 물에 삶은 파스타는 찬물에 헹궈 겉의 밀가루를 씻어 주고 올리브유로 코팅을 해 주세요. 소스를 따로 담아가는 것도 방법이니 기억해 주세요!

도시락 구성 | 푸실리 샐러드

푸실리 샐러드

⏱ 소요시간 15~20분

🍴 재료(1인분)

푸실리 80g
다진 마늘 1/2작은술
베이컨 20~30g
브로콜리 1/3개
올리브유 2작은술
소금 1/3작은술
후추 적당량

1 푸실리는 포장지에 적힌 시간만큼 삶아서 준비합니다.

2 달군 프라이팬에 올리브유를 두르고 다진 마늘이 타지 않게 볶습니다.

3 얇게 썬 베이컨을 넣고 중약불로 볶습니다.

4 베이컨이 노릇해지면 1의 푸실리를 넣고 섞습니다.

5 큼직하게 자른 브로콜리를 넣고 소금과 후추를 뿌려 볶습니다.

러브레터 샌드위치 도시락

밸런타인데이나 특별한 기념일에 사랑하는 사람을 위해 하트가 가득한 샌드위치를 만들면 어떨까요? 달콤한 팥앙금, 고구마 그리고 누구나 좋아하는 담백한 에그마요까지! 먹는 재미는 물론, 보기에도 사랑스러운 러브레터 샌드위치 도시락으로 여러분의 진심 어린 마음을 전달해 보세요.

도시락 구성 | 팥앙금 샌드위치, 고구마 샌드위치, 에그마요 샌드위치, 러브레터 샌드위치

팥앙금
샌드위치

🕐 소요시간 10분

👥 재료(1개)

식빵 1장
팥앙금 1큰술

팥앙금 2~3인분
시판 팥앙금 100g
수수설탕 3g(혹은 흑설탕)
생크림 1큰술

🥣 도구

하트 틀

1 볼에 시판 팥앙금, 수수설탕, 생크림을 넣고 잘 섞어 준비합니다.

2 도마 위에 랩을 깔고 테두리 자른 식빵을 올려 하트 틀로 2~4번 찍습니다.

3 식빵에 팥앙금 1큰술을 골고루 바르고 돌돌 말면 완성입니다.

고구마
샌드위치

🕐 소요시간 10분

👥 재료(1개)

식빵 1장
고구마 앙금 1큰술

고구마 앙금 2~3인분
삶은 고구마 100g
무염버터 20g
수수설탕 8g(혹은 흑설탕)
생크림 1큰술

🥣 도구

하트 틀

1 볼에 삶은 고구마, 무염버터, 수수설탕, 생크림을 넣고 잘 섞어 준비합니다.

2 도마 위에 랩을 깔고 테두리 자른 식빵을 올려 하트 틀로 2~4번 찍습니다.

3 식빵에 고구마 앙금 1큰술을 골고루 바르고 돌돌 말면 완성입니다.

에그마요
샌드위치

⏱ 소요시간 20분

🍴 재료(1개씩)

공통 재료
식빵 1장
에그마요 1큰술

에그마요 2~3인분
삶은 달걀 1개
우유 1작은술
마요네즈 1큰술
소금 1꼬집
후추 1꼬집

양상추 샌드위치
양상추 1장
슬라이스 치즈 1장

햄 샌드위치
슬라이스 햄 1장
양상추 1장

게맛살 샌드위치
게맛살 1줄
슬라이스 치즈 1장

👐 도구

하트 틀

1 삶은 달걀, 우유, 마요네즈, 소금, 후추를 준비합니다.

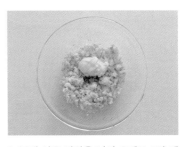

2 볼에 삶은 달걀을 넣어 으깨고 1의 재료를 모두 섞어 에그마요를 만듭니다.

3 도마 위에 랩을 깔고 테두리 자른 식빵을 올려 하트 틀로 2~3번 찍습니다.

4 식빵에 양상추, 슬라이스 치즈, 에그마요 순으로 올리고 돌돌 말면 양상추 샌드위치 완성입니다.

5 도마 위에 랩을 깔고 테두리 자른 식빵을 올려 하트 틀로 2~3번 찍습니다.

6 식빵에 슬라이스 햄, 양상추, 에그마요 순으로 올리고 돌돌 말면 햄 샌드위치 완성입니다.

7 도마 위에 랩을 깔고 테두리 자른 식빵을 올려 하트 틀로 2~3번 찍습니다.

8 식빵에 펼친 게맛살, 슬라이스 치즈, 에그마요 순으로 올리고 돌돌 말면 게맛살 샌드위치 완성입니다.

러브레터
샌드위치

🕐 소요시간 10~15분

👥 재료(1개)

식빵 2장
양상추 1장
슬라이스 치즈 1/2장
체다치즈 1/2장
슬라이스 햄 1/2장
게맛살 1줄

🥣 도구

하트 틀

1 테두리 자른 식빵 2장 중 1장은 1/2 크기로 자릅니다.

2 1/2 크기 식빵에 칼등을 이용해 X자 모양을 찍습니다.

3 윗부분 삼각형은 잘라내고, 남은 식빵 위에 올립니다.

4 깔린 식빵 윗부분을 삼각형으로 자릅니다.

5 젓가락을 이용해 가장자리를 꾹꾹 눌러 고정합니다.

6 여러 색의 재료를 하트 틀로 찍어서 러브레터 안쪽에 차곡차곡 쌓습니다.

포켓 샌드위치 도시락

달걀을 듬뿍 넣은 마카로니 샐러드로 만든 귀여운 포켓 샌드위치! 특별한 도구가 없어도 만들 수 있어요. 마카로니 샐러드를 만들 때는 포장지에 적힌 시간보다 1~2분 더 삶으세요. 그러면 마카로니가 수분을 가득 머금어 더 탱탱해지고 마요네즈 흡수를 줄여 맛있게 즐길 수 있답니다. 마카로니 샐러드를 활용해 손에 들고 먹기 좋은 샌드위치를 만들어 보세요!

도시락 구성 | 마카로니 샐러드, 포켓 샌드위치

마카로니
샐러드

⏱ 소요시간 20분

🧂 재료(2인분)

마카로니 50g
오이 1개
양파 25g
슬라이스 햄 2장
삶은 달걀 3개
소금 1작은술

소스
우유 15ml
올리브유 24ml
마요네즈 36g
소금 1꼬집

포켓 샌드위치

⏱ 소요시간 20분

🧂 재료(1인분)

식빵 4장
마카로니 샐러드 적당량
버터 4g

1 오이는 얇게 반달썰기 해 소금에 버무리고 5분 후 물기를 꼭 짭니다. 양파는 채 썰고 슬라이스 햄은 얇게 썹니다.

2 삶은 달걀은 껍질을 까고 식감이 느껴질 정도로 으깹니다.

3 마카로니는 포장지에 적힌 시간보다 1~2분 더 삶아 식힌 후 우유, 올리브유, 마요네즈와 섞습니다.

4 오이, 양파, 햄, 달걀을 넣어 함께 버무리고 소금 1꼬집으로 마무리합니다.

1 식빵은 테두리를 잘라내고 중간에 버터를 바릅니다.

2 식빵 한쪽에 마카로니 샐러드를 올리고 반으로 접습니다.

3 젓가락이나 칼등으로 식빵 양 끝을 꾹꾹 눌러 고정합니다.

4 윗부분까지 마카로니 샐러드를 수북하게 채웁니다.

과일 롤 샌드위치 도시락

제철 과일로 만든 과일 롤 샌드위치. 딸기, 키위, 바나나, 귤로 만든 새콤달콤한 도시락이에요. 하트 모양, 튤립 모양으로 만들어 보기에도 예쁘고 맛도 좋습니다. 레시피를 천천히 따라 해 보세요. 생각보다 어렵지 않고 매우 간단하답니다. 과일 롤 샌드위치는 칼을 따뜻한 물에 살짝 데우고 물기를 닦은 다음 자르면 깔끔하게 잘린다는 점 꼭 기억해 주세요.

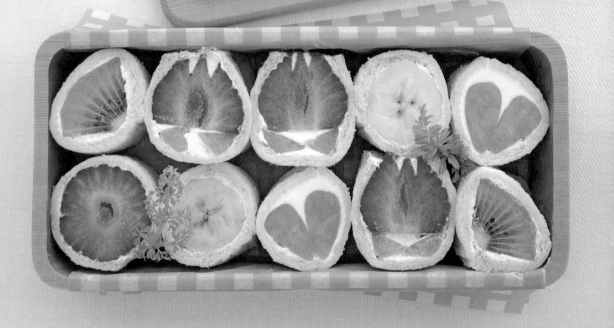

도시락 구성 | 생크림, 바나나 샌드위치, 하트 샌드위치, 튤립 샌드위치, 키위 샌드위치, 딸기 샌드위치

생크림

⏱ 소요시간 10분

🍶 재료(2~3인분)

생크림 우유 100ml
설탕 10g

1 얼음을 넣은 큰 볼 위에 작은 볼을 올리고 생크림 우유와 설탕을 넣습니다.

2 휘핑기로 5~7분간 돌리고 들었을 때 단단한 뿔이 생기면 완성입니다.

바나나
샌드위치

⏱ 소요시간 10분

🍶 재료(1개)

바나나 1개
식빵 1장
생크림 100g

1 도마 위에 랩을 깔고 테두리 자른 식빵을 밀대로 밀어 납작하게 만듭니다.

2 식빵 위에 생크림을 덜어 얇게 바릅니다.

3 식빵 크기에 맞게 바나나를 잘라 올리고 식빵으로 감쌉니다.

4 랩으로 말아 양쪽을 돌리고 냉장고에 넣습니다. 3~4시간 후 꺼내 자릅니다.

하트 샌드위치

⏱ 소요시간 10분

🍱 재료(1개)

붙어 있는 귤 2조각
식빵 1장
생크림 100g

1 도마 위에 랩을 깔고 테두리 자른 식빵을 밀대로 밀어 납작하게 만듭니다.

2 식빵 위에 생크림을 덜어 얇게 바릅니다.

3 붙어 있는 귤을 살짝 벌려서 식빵 위에 나란히 올립니다.

4 살짝 벌어진 귤 사이나 틈새는 생크림으로 채웁니다.

5 식빵으로 조심스럽게 감쌉니다.

6 랩으로 말아 양쪽을 돌리고 냉장고에 넣습니다. 3~4시간 후 꺼내 자릅니다.

튤립 샌드위치

⏱ 소요시간 10분

👥 재료(1개)

딸기 2개
키위 1/2개
식빵 1장
생크림 100g

1 딸기 꼭지를 자르고 아래 뾰족한 부분은 M자 모양으로 자릅니다.

2 키위 껍질을 벗기고 사진과 같이 잘라 작은 삼각형을 만듭니다.

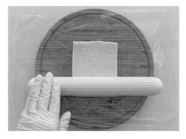

3 도마 위에 랩을 깔고 테두리 자른 식빵을 밀대로 밀어 납작하게 만듭니다.

4 식빵 위에 생크림을 덜어 얇게 바릅니다.

5 삼각형 키위를 2개씩 나란히 올리고 가운데 부분은 생크림으로 채웁니다.

6 딸기는 M자가 위로 오게 올리고 사이를 생크림으로 채웁니다.

➕ 식빵이 과일을 다 감싸지 못해도 생크림으로 덮으면 되니 괜찮습니다. 그래도 가급적이면 작은 딸기를 사용해 만들어 주세요.

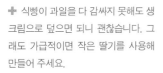

7 식빵으로 조심스럽게 감쌉니다.

8 랩으로 말아 양쪽을 돌리고 냉장고에 넣습니다. 3~4시간 후 꺼내 자릅니다.

키위 샌드위치

⏱ 소요시간 10분

🧂 재료(1개)

키위 1/2개
식빵 1장
생크림 100g

1 도마 위에 랩을 깔고 테두리 자른 식빵을 밀대로 밀어서 납작하게 만듭니다.

2 식빵 위에 생크림을 덜어 얇게 바릅니다.

3 1/4 쪽인 키위 2개를 올리고 빈 곳은 생크림으로 채웁니다.

4 식빵으로 조심스럽게 감쌉니다.

5 랩으로 말아 양쪽을 돌리고 냉장고에 넣습니다. 3~4시간 후 꺼내 자릅니다.

딸기 샌드위치

⏱ 소요시간 10분

🧂 재료(1개)

딸기 2개
키위 소량
식빵 1장
생크림 100g

1 도마 위에 랩을 깔고 테두리 자른 식빵을 밀대로 밀어서 납작하게 만듭니다.

2 식빵 위에 생크림을 덜어 얇게 바릅니다.

3 딸기와 키위를 줄줄이 올리고 빈 곳은 생크림으로 채웁니다.

4 식빵으로 조심스럽게 감쌉니다.

5 랩으로 말아 양쪽을 돌리고 냉장고에 넣습니다. 3~4시간 후 꺼내 자릅니다.

Part 2

한
입
도
시
락

[김밥]

[유부초밥]

[주먹밥]

과일 꽃 김밥 도시락

한입에 쏙 들어가는 김밥을 여러 가지 꽃과 과일 모양으로 장식한 과일 꽃 김밥입니다. 집에 있는 재료로 간단하게 만들 수 있는 귀엽고 깜찍한 도시락이에요. 기본 김밥과 9가지 장식 방법을 소개하겠습니다. 실제로 만들 땐 2~3가지 정도만 참고해 여러 개씩 만들어 보세요. 장식이 귀여워 아이들이 참 좋아한답니다.

도시락 구성 | 김밥, 나팔꽃 김밥, 수국 김밥, 해바라기 김밥, 딸기 김밥, 바나나 김밥, 수박 김밥, 체리 김밥, 키위 김밥, 스마일 김밥

김밥

⏱ 소요시간 5분

🧂 재료(1줄)

쌀밥 270g
김밥김 1장
참기름 1큰술
소금 4g

1 쌀밥은 참기름과 소금으로 간을 하고
김밥김 위에 펼쳐 돌돌 맙니다.

나팔꽃 김밥

⏱ 소요시간 5분

🧂 재료(1개)

김밥 1조각
슬라이스 햄 1/4장
슬라이스 치즈 1/4장
마요네즈 소량

🥣 도구

원형 틀
별 모양 틀

1 슬라이스 햄을 원형 틀로 찍고 마요네
즈를 묻혀 김밥 위에 고정합니다.

2 슬라이스 치즈를 별 모양 틀로 찍고 마
요네즈를 묻혀 둥근 햄 위에 고정합니다.

수국 김밥

🕐 소요시간 5분

🎲 재료(1개)

김밥 1조각
슬라이스 햄 1장
구운 파스타면 소량
오이 껍질 소량

✌ 도구

꽃 모양 틀
칼날볼

1 슬라이스 햄을 꽃 모양 틀로 여러 번 찍고 구운 파스타면을 이용해 김밥 위에 고정합니다.

2 오이 껍질을 칼날볼로 찍고 반으로 잘라 잎사귀를 표현합니다.

해바라기 김밥

🕐 소요시간 5분

🎲 재료(1개)

김밥 1조각
소시지 1개
삶은 옥수수 소량(혹은 통조림 옥수수)
마요네즈 소량

1 소시지 단면을 바둑판 모양으로 자르고 뜨거운 물에 데칩니다.

2 소시지를 김밥 가운데 올리고, 삶은 옥수수에 마요네즈를 묻혀 꽃잎같이 표현합니다.

딸기 김밥

⏱ 소요시간 5분

🧂 재료(1개)

김밥 1조각
저염 명란젓 1/2작은술
오이 껍질 소량
통깨 소량

🥄 도구

별 모양 틀

1 저염 명란젓을 김밥 가운데 올리고 딸기 모양을 만듭니다.

2 오이 껍질을 별 모양 틀로 찍어 딸기 꼭지를 만듭니다.

3 통깨로 딸기씨를 표현합니다.

바나나 김밥

⏱ 소요시간 5분

🧂 재료(1개)

김밥 1조각
체다치즈 1/2장
마요네즈 소량

🥄 도구

입 모양 틀

1 체다치즈를 입 모양 틀로 4번 찍고 마요네즈를 묻혀 바나나같이 김밥 위에 표현합니다.

수박 김밥

⏱ 소요시간 5분

🍱 재료(1개)

김밥 1조각
반달 모양 오이 1조각
게맛살 소량
검은깨 소량
마요네즈 소량

🥄 도구

원형 틀

1 게맛살의 빨간 부분을 원형 틀로 찍고 반으로 잘라 반달 모양 오이에 올린 후 마요네즈를 묻혀 김밥 위에 고정합니다.

2 검은깨로 수박씨를 표현합니다.

체리 김밥

⏱ 소요시간 5분

🍱 재료(1개)

김밥 1조각
빨간 파프리카 소량
오이 껍질 소량
오색 아라레 소량

🥄 도구

햄치즈커터
칼날볼
가위

1 빨간 파프리카를 햄치즈커터로 2번 찍고 김밥 위에 고정합니다.

2 오이 껍질을 가늘게 2줄 자르고, 남는 공간을 칼날볼로 찍은 후 반으로 잘라 잎사귀를 표현합니다.

3 오색 아라레로 입체감을 표현합니다.

키위 김밥

⏱ 소요시간 5분

🧂 재료(1개)

김밥 1조각
오이 1조각
슬라이스 치즈 소량
검은깨 소량
마요네즈 소량

🥢 도구

원형 틀

1 오이를 김밥에 올린 후 슬라이스 치즈를 원형 틀로 찍고 마요네즈를 묻혀 위에 고정합니다.

2 검은깨로 키위씨를 표현합니다.

스마일 김밥

⏱ 소요시간 5분

🧂 재료(1개)

김밥 1조각
슬라이스 치즈 1/4장
체다치즈 소량
검은깨 소량
김밥김 소량
마요네즈 소량

🥢 도구

꽃 모양 틀
원형 틀
김펀치

1 슬라이스 치즈는 꽃 모양 틀로, 체다치즈는 원형 틀로 찍고 마요네즈를 묻혀 김밥 위에 고정합니다.

2 검은깨로 눈을, 김밥김을 김펀치로 찍어 입을 표현합니다.

회오리 김밥 도시락

여러 재료를 올리고 돌돌 말아서 만드는 회오리 김밥을 소개하겠습니다. 김밥 속 재료를 잘게 채 썰어서 마는 법만 마스터한다면 예쁜 회오리 김밥을 만들 수 있답니다. 속 재료 만들기부터 김밥 마는 팁도 모두 알려 드려요. 아이들이 먹기에 김밥이 크다고 생각하면 속 재료를 적게 넣어서 작은 사이즈로 말아도 괜찮습니다.

도시락 구성 ㅣ 당근볶음, 시금치무침, 우엉조림, 유부볶음, 적양배추볶음, 김밥햄·단무지·게맛살 손질하기, 회오리 김밥 말기

당근볶음

🕐 소요시간 5분

🧂 재료(10줄)

당근 150g
현미유 1작은술
소금 2꼬집

1 프라이팬에 현미유를 두르고 채 썬 당근을 넣어 중불에서 30초~1분간 볶습니다.

2 소금을 전체적으로 뿌려 간을 맞추고 가볍게 볶습니다.

시금치무침

🕐 소요시간 10분

🧂 재료(20줄)

시금치 230g
굵은 소금 1작은술

소스
다진 마늘 1작은술
국간장 1작은술
참기름 1/2작은술
통깨 1작은술
소금 1~2꼬집

1 끓는 물에 굵은 소금을 넣고 시금치 줄기를 30초간 데칩니다.

2 시금치 잎도 마저 넣어 30초간 데치고 찬물로 헹군 후 꼭 짭니다.

3 볼에 시금치와 소스 재료를 모두 넣고 조물조물 무쳐 준비합니다.

우엉조림

소요시간 10분

재료(20줄)

우엉 1개(200g)
식초 1큰술
참기름 1큰술
통깨 1큰술

소스
수수설탕 1/2큰술(혹은 흑설탕)
미림 1큰술
간장 1큰술

1 우엉의 껍질을 벗기고 얇게 썰어서 식초 넣은 물에 1~2분간 담가 갈변을 방지합니다.

2 프라이팬에 참기름을 두르고 우엉을 중불로 볶다가 수수설탕을 넣고 계속 볶습니다.

3 미림과 간장을 넣고 졸이듯 볶다가 통깨를 뿌려 마무리합니다.

유부볶음

소요시간 10분

재료(10줄)

유부 슬라이스 70g

소스
수수설탕 1큰술(혹은 흑설탕)
간장 1큰술

1 유부는 채 썰어서 끓는 물에 30초 내외로 데치고 물기를 꼭 짭니다.

2 프라이팬에 유부를 중약불로 볶다가 수수설탕을 넣고 계속 볶습니다.

3 간장을 넣고 물기가 없어질 때까지 볶습니다.

적양배추볶음

🕐 소요시간 10분

👥 재료(10줄)

적양배추 150g
참기름 1/2작은술
소스
소금 1꼬집
연두 1작은술

1 적양배추는 채 썰어 준비합니다.

2 프라이팬에 참기름을 두르고 적양배추와 소금을 넣어 중약불로 볶습니다.

3 적양배추의 숨이 죽으면 불을 끄고 연두를 넣어 잔열로 볶습니다.

김밥햄, 단무지,
게맛살 손질하기

🕐 소요시간 10분

👥 재료(10줄)

김밥햄 6줄
단무지 6줄
게맛살 3줄

1 김밥햄은 가로로 반을 잘라 얇고 길게 썰어 프라이팬에 살짝 볶습니다.

2 단무지, 게맛살은 가로로 반을 잘라 얇고 길게 썰어 준비합니다.

회오리
김밥 말기

🕐 소요시간 10분

🗂 재료(1/2줄)

김밥용 밥 90g **15쪽 참고**
김밥김 1과 1/4장
달걀지단 6g **14쪽 참고**
당근볶음 5g
시금치무침 9g
우엉조림 5g
유부볶음 7g
적양배추볶음 6g
김밥햄 8g
단무지 5g
게맛살 7g
참기름 소량

1 김밥김 1/2 1장과 1/4장을 이어서 붙입니다.

2 김밥용 밥을 평평하게 펼치고 김밥김 1/2 1장을 올립니다.

3 끝부분은 1cm 정도 남기고 김밥 속 재료를 밥 두께와 비슷하게 순서대로 놓습니다.

4 끝부분부터 접으며 김밥 속 재료를 위로 올리듯 단단하게 말고 밥풀로 고정합니다.

5 김밥에 참기름을 바르고 자릅니다.

154

양배추 롤 도시락

단백질엔 역시 닭가슴살만 한 재료가 없죠. 아직도 시중에서 파는 닭가슴살만 사서 먹나요? 닭가슴살을 미리 삶아 보관하면 다양한 요리에 활용하기 좋답니다. 마요네즈는 닭고기를 부드럽게 해주는데요. 닭가슴살을 마요네즈에 버무려 10분 이상 두면 고기 자체가 엄청나게 부드러워져요. 마요네즈 마법 속으로 모두를 초대합니다!

도시락 구성 | 샐러드 닭가슴살, 양배추 손질하기, 양배추 롤

샐러드
닭가슴살

🕐 소요시간 65분

🧂 재료(2인분)

닭가슴살 1조각(250g)
마요네즈 1큰술
소금 2꼬집
수수설탕 1작은술(혹은 흑설탕)

1 닭가슴살의 껍질을 벗긴 다음 포크를 사용해 전체를 찌릅니다.

2 비닐에 닭가슴살, 마요네즈, 소금, 수수설탕을 넣어 버무리고 공기를 빼 묶습니다.

3 무쇠 냄비에 물이 끓으면 불을 끄고 2를 넣은 후 뚜껑을 덮어 1시간 이상 둡니다.

4 시간이 지난 후 닭가슴살을 꺼냅니다.

✚ 무쇠 냄비가 없다면 일반 냄비로 만들어도 되지만, 온도 유지를 위해 1시간 후 다시 물을 끓이고 30분 이상 추가 시간을 둡니다. 비닐은 꼭 뜨거운 물에서도 사용할 수 있는 내열 비닐을 사용해 주세요.

✚ 수수설탕을 제외하고 소금과 후추만으로도 충분히 맛있는 닭가슴살을 만들 수 있습니다.

양배추
손질하기

🕐 소요시간 10분

🧂 재료

양배추 1통

1 양배추를 사각형으로 자릅니다.

2 비닐에 양배추를 넣고 전자레인지에 5분간 돌려 사용합니다.

양배추 롤

⏱ 소요시간 10분

👥 재료(5~6개)

샐러드 닭가슴살 1조각
손질한 양배추 6~7장
빨간 파프리카 1/2개
노란 파프리카 1/2개
당근 30g
오이 30g

소스
마요네즈 2큰술
수수설탕 1작은술(혹은 흑설탕)
간 참깨 1큰술

1 샐러드 닭가슴살은 스틱 모양으로 자르고 파프리카, 당근, 오이는 같은 길이로 채 썹니다.

2 손질해 익힌 양배추를 마름모꼴로 깔고 1의 재료를 가지런히 올립니다.

3 양배추로 재료를 감싸며 맙니다.

4 중간에 양배추 양 끝을 안으로 접고 이어 맙니다.

5 랩으로 단단히 고정하고 자를 때도 랩을 벗기지 않은 채로 썹니다.

6 소스 재료를 모두 섞어 양배추 롤을 찍어 먹을 소스를 만듭니다.

수박 김밥 도시락

더운 여름날, 나무 그늘에서 시원한 바람을 맞으며 먹고 싶은 수박 김밥! 김밥 속 미니 김밥을 수박 모양으로 만들어 보았어요. 봉어묵구이와 소시지 꽃게까지 귀여운 반찬도 빠지지 않습니다. 싱그러운 여름처럼 보기만 해도 기분이 좋아지는 수박 김밥 도시락이랍니다.

도시락 구성 | 빨간 수박 김밥, 노란 수박 김밥, 봉어묵구이, 소시지 꽃게

빨간 수박 김밥

⏱ 소요시간 20분

🍶 재료(1줄)

쌀밥 180g
빨간 데코후리 1포
오이 껍질 1개
슬라이스 치즈 1/2장
김밥김 1/2과 1장
소금 2꼬집
참기름 적당량
검은깨 소량

🥄 도구

김발

1 쌀밥 50g에 빨간 데코후리를 넣어 색깔 밥을 만듭니다.

2 도마 위에 랩을 깔고 색깔 밥을 올려 돌돌 만 후 손가락을 이용해 삼각형 모양을 만듭니다.

3 랩을 풀어 오이 껍질과 같은 길이, 폭으로 자른 슬라이스 치즈를 색깔 밥에 붙이고 오이 껍질을 덧댑니다.

4 3을 랩으로 고정했다가 풀고 김밥김 1/2장으로 맙니다.

5 쌀밥 130g은 소금과 참기름 1작은술로 밑간하고 김밥김 한쪽에 절반 분량을 펼칩니다.

6 그 위에 4를 올리고 주변을 남은 쌀밥으로 채운 후 돌돌 맙니다.

➕ 빨간 데코후리가 없다면 비트물을 이용해 색을 내도 좋습니다.

7 김밥에 참기름을 발라 자르고 검은깨로 수박씨를 표현합니다.

노란 수박 김밥

⏱ 소요시간 20분

🧑‍🍳 재료(1줄)

쌀밥 180g
삶은 달걀노른자 1개
오이 껍질 1개
슬라이스 치즈 1/2장
김밥김 1/2과 1장
소금 2꼬집
참기름 적당량
검은깨 소량

🥄 도구

김발

1 쌀밥 50g에 삶은 달걀노른자를 넣어 색깔 밥을 만듭니다.

2 도마 위에 랩을 깔고 색깔 밥을 올려 돌돌 만 후 손가락을 이용해 삼각형 모양을 만듭니다.

3 랩을 풀어 오이 껍질과 같은 길이, 폭으로 자른 슬라이스 치즈를 색깔 밥에 붙이고 오이 껍질을 덧댑니다.

4 3을 랩으로 고정했다가 풀고 김밥김 1/2장으로 맙니다.

5 쌀밥 130g은 소금과 참기름 1작은술로 밑간하고 김밥김 한쪽에 절반 분량을 펼칩니다.

6 그 위에 4를 올리고 주변을 남은 쌀밥으로 채운 후 돌돌 맙니다.

7 김밥에 참기름을 발라 자르고 검은깨로 수박씨를 표현합니다.

봉어묵구이

⏱ 소요시간 10~15분

🍴 재료(2인분)

봉어묵 3개
밀가루 1큰술
전분 1큰술
물 1.5큰술
김 분말가루 1작은술(혹은 파래 가루)
깨소금 1작은술
소금 1꼬집
현미유 적당량

1 볼에 밀가루, 전분, 물, 김 분말가루, 깨소금, 소금을 넣고 잘 섞습니다.

2 봉어묵은 한 입 크기로 자릅니다.

3 1의 반죽에 봉어묵을 넣어 골고루 묻힙니다.

4 프라이팬에 현미유를 넉넉하게 두르고 봉어묵을 튀기듯 굽습니다.

소시지 꽃게

⏱ 소요시간 5분

🍴 재료(2개)

작은 소시지 2개

🥄 도구

눈알 픽

1 소시지는 사진과 같이 칼집을 내고 뜨거운 물에 살짝 데칩니다.

2 준비한 눈알 픽을 꽂으면 완성입니다.

꽃 김밥 도시락

도시락 뚜껑을 열어 보니 활짝 핀 꽃 모양의 김밥이 반겨줍니다! 알록달록한 색깔 밥을 만드는 데코후리, 치즈, 시금치를 이용해 꽃 모양 김밥을 만들었어요. 소고기 동그랑땡도 함께 만들어 영양까지 꽉 잡은 예쁜 꽃 김밥 도시락. 재료 준비도 간단하고 모양도 정말 예뻐서 어른이나 아이 할 것 없이 모두 좋아하는 김밥이랍니다.

도시락 구성 | 꽃 김밥, 소고기 동그랑땡

꽃 김밥

🕐 소요시간 20~30분

🧑‍🍳 재료(1/2줄)

쌀밥 155g
데코후리 1포(원하는 색)
스트링 치즈 1개(혹은 김밥햄 1/2줄)
김밥김 1과 1/2장
데친 시금치 5줄
참기름 1작은술
소금 2꼬집

🥄 도구

김발

1 쌀밥 80g은 참기름과 소금으로 밑간하고, 쌀밥 75g은 데코후리로 색을 입힙니다.

2 색깔 밥은 15g씩 5등분하고, 김밥김 1장은 6등분합니다. 1/6 5장에 하나씩 말아 미니 김밥을 5줄 만듭니다.

3 스트링 치즈는 남은 김밥김 1/6 1장으로 돌돌 맙니다.

4 데친 시금치는 미니 김밥 길이에 맞게 잘라 5줄 준비합니다.

5 2의 미니 김밥으로 3의 스트링 치즈를 감싸고 사이사이 데친 시금치를 채워 동그랗게 만듭니다.

6 김밥김 1/2장에 밑간한 밥을 3/4 정도 펼친 후 5를 올려 돌돌 말고 김발로 단단히 고정합니다.

➕ 과정 5에서 모양이 흐트러지는 것이 걱정된다면 김밥김으로 띠를 둘러 고정하면 됩니다.

➕ 시금치 대신 다른 나물이나 가늘게 썬 단무지를 넣어도 맛있습니다.

소고기
동그랑땡

⏱ 소요시간 20~25분

👥 재료(8개)

소고기 다짐육 130g
다진 파프리카 2큰술
다진 양파 2큰술
물 1큰술
소금 2꼬집
후추 1꼬집
현미유 적당량

소스
청주 1큰술
수수설탕 2작은술(혹은 흑설탕)
간장 1작은술
케첩 1.5큰술

1 볼에 소고기 다짐육부터 후추까지 준비한 재료를 모두 넣고 손으로 치댑니다.

2 반죽은 8등분해 동그랗게 성형합니다.

3 프라이팬에 현미유를 두르고 둥근 반죽을 살살 굴리며 중불로 굽습니다.

4 소스 재료를 모두 넣고 약불로 졸이듯 굽습니다.

소나네 도시락 레시피

별란김밥 도시락

별 모양 달걀말이로 만드는 김밥, 일명 별란김밥! 김밥에 달걀이 빠질 수는 없죠. 거기다 모양까지 별 모양이니 아이들이 정말 좋아합니다. 김밥은 보통 재료가 많이 들어가는데, 별란김밥은 달걀말이만 들어가서 번거롭지 않아요. 또 와사비나 매콤한 소스를 찍어 먹어도 참 맛있답니다. 레시피를 잘 따라 하면 전혀 어렵지 않으니 안심하고 도전해 보세요!

도시락 구성 | 별란말이, 별란김밥

별란말이

⏱ 소요시간 5~10분

👥 재료(1줄)

달걀 2개
마요네즈 1작은술
소금 1꼬집
현미유 적당량

🥢 도구

별 모양 달걀말이 틀

1 달걀, 마요네즈, 소금을 잘 섞습니다.

2 달걀물은 체에 거릅니다. 달걀 2개는 약 100ml 정도 입니다.

3 약불로 달군 프라이팬에 현미유를 두르고 달걀물을 3차례 나누어 부어 달걀말이를 만듭니다.

4 별 모양 달걀말이 틀에 달걀말이를 넣고 살짝 누르며 모양을 만듭니다.

5 젓가락으로 튀어나온 부분을 눌러 틀을 닫고 10분 이상 식힙니다.

✚ 달걀이 충분히 식지 않고 온기가 있을 때 틀에서 꺼내면 모양이 잘 잡히지 않아요. 완전히 식은 후에 꺼내 주세요.

별란김밥

⏱ 소요시간 5~10분

🧂 재료(1줄)

쌀밥 130g
별란말이 1줄
김밥김 3/4과 1장
데친 시금치 30~40g
소금 2꼬집
참기름 적당량

🍳 도구

별 모양 달걀말이 틀
김발

1 김밥김 3/4장으로 별란말이를 감싸고 다시 별 모양 달걀말이 틀에 넣습니다.

2 쌀밥은 소금과 참기름 1작은술로 밑간하고 김밥김 한쪽에 펼칩니다.

3 1의 별란말이를 꺼내 홈마다 데친 시금치를 2~3줄 정도 채우고 2에 올립니다.

4 김밥을 돌돌 말고 위에 참기름을 발라 자릅니다.

✚ 시금치가 없다면 홈에 밑간한 밥을 조금씩 채워주세요. 그러면 쌀밥과 달걀만 들어간 별란김밥이 완성된답니다. 별 모양 위에 다양한 표정을 표현해도 귀여워요.

에그 삼각김밥 도시락

달걀말이가 삼각김밥처럼 보이는 마법! 달콤한 달걀말이를 한입에 쏙 넣으면 입 안 가득 행복이 충전돼요. 더불어 영양 가득한 당근을 넣어 만든 당근 햄버그스테이크도 공개합니다! 아이들에게 야채 먹이는 일은 정말 힘든데요. 햄버그스테이크로 만들어 먹이면 아이들이 잘 먹어요. 마지막으로 우리 큰아이가 정말 좋아하는 김치즈말이까지 맛있는 반찬 만드는 법을 모두 소개해드립니다.

도시락 구성 | 달콤 달걀말이, 당근 햄버그스테이크, 김치즈말이, 에그 삼각김밥

달콤 달걀말이

⏱ 소요시간 15~20분

🍳 재료(2인분)

달걀 4개
설탕 1작은술
간장 1/2작은술
소금 1/4작은술
현미유 적당량

🥄 도구

김발

1 볼에 달걀, 설탕, 간장, 소금을 넣고 잘 섞습니다.

2 달군 프라이팬에 현미유를 두르고 달걀물을 반 정도 부은 후 젓가락으로 섞으며 익힙니다.

3 아랫면이 어느 정도 익으면 끝부분부터 천천히 맙니다.

4 달걀말이를 한쪽으로 밀고 남은 달걀물을 모두 부은 후 과정 2~3을 반복합니다.

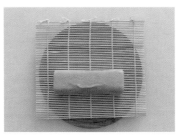

5 펼친 김발에 달걀말이를 올리고 둥글게 맙니다.

6 달걀말이가 식을 때까지 기다립니다.

✚ 설탕 대신 스테비아나 꿀을 넣어도 좋습니다.

당근
햄버그스테이크

⏱ 소요시간 20~30분

🍶 재료(2인분)

돼지고기 소고기 반반 다짐육 170g
당근 100g
피망 1개
달걀 1개
빵가루 1큰술
소금 1/4작은술
후추 1/2작은술
현미유 적당량

소스
간장 2큰술
청주 1큰술
미림 1큰술
설탕 1큰술
물 2큰술

1 당근은 3cm 길이로 채 썰고 피망은 씨를 빼 다집니다.

2 볼에 반반 다짐육부터 후추까지 준비한 재료를 모두 넣고 끈기가 있을 때까지 손으로 치댑니다.

3 반죽을 8등분해 동그랗게 성형합니다.

4 달군 프라이팬에 현미유를 두르고 중약불로 굽습니다.

5 아랫면이 익으면 뒤집어서 뚜껑을 덮고 속까지 익힙니다.

6 양면을 구운 햄버그스테이크에 소스 재료를 모두 넣고 자작할 때까지 졸입니다.

김치즈말이

⏱ 소요시간 5분

🧴 재료(2인분)

김밥김 1/3장
슬라이스 치즈 2장

1 김밥김의 거친 면을 위쪽으로 놓은 후 끝부분을 2~3mm 남기고 슬라이스 치즈 1장을 올립니다.

2 옆으로 튀어나온 슬라이스 치즈는 자르고 위에 1장을 더 올립니다.

3 끝부분부터 조금씩 말아주고 물을 묻혀 붙입니다.

4 랩이나 슬라이스 치즈 비닐로 감싸고 5~10분간 그대로 둡니다.

5 모양이 흐트러지지 않게 랩을 감싼 채 자른 후 벗깁니다.

✚ 슬라이스 치즈를 냉장고에서 미리 꺼내 두면 말랑말랑해져 만들기가 수월하답니다.

에그 삼각김밥

🕐 소요시간 10~15분

재료(2인분)

쌀밥 130g
달콤 달걀말이 1/4개
김밥김 1장
소금 1/4작은술
참기름 1/2작은술

도구

가위
핀셋

1 쌀밥은 소금과 참기름으로 밑간합니다.

2 달콤 달걀말이는 김발에서 꺼내 세로로 4등분합니다.

3 김밥김은 2/3 크기로 자릅니다.

4 김밥김의 거친 면에 밑간한 밥을 펴고, 끝은 3cm 정도 남깁니다.

5 그 위에 달콤 달걀말이 1/4개를 올리고 돌돌 말아 썹니다.

6 남은 김밥김을 가로세로 5mm로 잘라 달걀말이 위에 올립니다.

하트말이 김밥 도시락

달걀말이에 변화를 주고 싶다면 달걀말이 틀을 활용해 보세요. 다양한 모양의 틀이 있지만, 그중에서도 초보자가 만들기 쉽고 모양도 예쁜 것은 하트 모양 틀입니다. 이를 활용해 하트말이와 하트말이 김밥을 만들어 볼게요. 달걀과 쌀밥 그리고 김밥김만 있으면 언제든 특별한 도시락을 만들 수 있답니다.

도시락 구성 | 하트말이, 하트말이 김밥

하트말이

⏱ 소요시간 15분

🗄 재료(1줄)

달걀 2개
소금 적당량
현미유 적당량

🥄 도구

하트 모양 달걀말이 틀

1 달걀과 소금을 잘 섞고 체에 걸러 부드럽게 만듭니다.

2 프라이팬에 현미유를 두르고 달걀물을 부어 달걀말이를 만듭니다.

3 하트 모양 달걀말이 틀에 달걀말이를 넣고 젓가락으로 눌러 닫습니다.

4 완전히 식은 후 꺼냅니다.

✚ 달걀말이 틀에 넣을 때 튀어나온 곳은 젓가락으로 꾹꾹 눌러 닫아주세요. 그래야 굴곡이 있는 부분까지 달걀말이가 모두 들어가서 모양이 잘 잡힌답니다.

하트말이 김밥

⏱ 소요시간 10분

👥 재료(1줄)

김밥용 밥 130g 15쪽 참고
하트말이 1줄
김밥김 2/3와 1장
참기름 적당량
오색 아라레 소량

🍶 도구

하트 모양 달걀말이 틀
김발
김펀치

1 김밥김 2/3장으로 하트말이를 감싸고 다시 하트 모양 달걀말이 틀에 넣습니다.

2 김밥용 밥을 1작은술 정도 남기고 김밥김 한쪽에 펼칩니다.

3 1의 하트말이를 꺼내서 홈에 남겨 둔 김밥용 밥을 채우고 2에 올립니다.

4 김밥을 돌돌 말고 위에 참기름을 발라 자릅니다.

5 김밥김 자투리를 김펀치로 찍어 얼굴 모양을 만들고, 오색 아라레로 볼터치를 표현합니다.

롤리팝 김밥 도시락

치즈롤과 햄치즈롤은 도시락 반찬으로 많이 쓰이는데요. 이를 속 재료로 사용해 김밥을 만들었어요. 맛은 정말 고소하고, 모양은 통통 튀는 롤리팝 같아 눈과 입이 모두 즐겁답니다. 소풍 도시락으로 만들면 아이들이 정말 좋아하겠죠? 사이드 메뉴는 간단하게 만들 수 있는 감자튀김을 준비했습니다. 감자와 전분만 있다면 엄마표 홈메이드 감자튀김이 뚝딱 완성됩니다.

도시락 구성 | 감자튀김, 치즈롤 김밥, 햄치즈롤 김밥

감자튀김

1 감자는 껍질을 벗기고 한 입 크기로 잘 라 전자레인지 전용 용기에 담습니다.

2 물을 넣고 랩을 씌운 다음 전자레인지 에 5~6분간 돌려 익힙니다.

⏱ 소요시간 15분

🧑‍🍳 재료(1인분)

감자 3개(370g)
물 1큰술
전분 2큰술
소금 2~3g
현미유 적당량

🥄 도구

모양 틀 2~3개

3 감자가 뜨거울 때 으깨고 전분과 소금 을 넣어 골고루 섞습니다.

4 랩을 깐 도마 위에 감자 반죽을 올리고 다시 랩을 씌워 5mm 두께로 펼칩니다.

5 4를 냉장고에 넣어 10분간 식힌 후 여 러 모양 틀로 찍어 냅니다.

6 튀김팬에 현미유를 붓고 200도가 되면 감자 반죽을 넣어 위로 뜰 때까지 노릇하 게 튀깁니다.

✚ 과정 3에서 뻑뻑한 느낌이 든다면 우유를 살짝 추가해 주세요. 파슬리 가루를 1작은술 넣 어도 맛이 확 달라진답니다. 감자튀김에 소금을 뿌려 마무리하면 더 맛있어요.

치즈롤 김밥

⏱ 소요시간 15분

🧂 재료(1인분)

김밥용 밥 55g 15쪽 참고
김밥김 1/4과 1/2장
체다치즈 1장
슬라이스 치즈 1장

1 랩을 깐 도마 위에 체다치즈와 슬라이스 치즈를 공간이 남게 겹쳐 올립니다.

2 끝부분부터 말아서 랩으로 감쌌다가 풀고 김밥김 1/4장으로 말아 랩으로 고정합니다.

3 김밥김 1/2장 한쪽에 김밥용 밥을 11cm 높이로 얇게 펼칩니다.

4 2의 랩을 벗기고 3에 올려 말아 자릅니다.

햄치즈롤 김밥

⏱ 소요시간 15분

🧂 재료(1인분)

김밥용 밥 55g 15쪽 참고
김밥김 1/4과 1/2장
슬라이스 햄 1.5장
슬라이스 치즈 1.5장

1 랩을 깐 도마 위에 슬라이스 햄과 치즈를 공간이 남게 겹쳐 올립니다.

2 끝부분부터 말아서 랩으로 감쌌다가 풀고 김밥김 1/4장으로 말아 랩으로 고정합니다.

3 김밥김 1/2장 한쪽에 김밥용 밥을 11cm 높이로 얇게 펼칩니다.

4 2의 랩을 벗기고 3에 올려 말아 자릅니다.

연
근
꽃
유
부
초
밥
도
시
락

연근을 잘게 썰어 넣은 유부초밥을 연근 꽃으로 장식한 연근 꽃 유부초밥 도시락
입니다. 연근 꽃 초절임은 만들어 두면 쓰임이 많아 자주 만드는데요. 칼로 썰어
도 되지만, 필요한 만큼만 채칼로 썰어 사용하는 게 꽃 모양을 만들기 쉽답니다.
연근 구멍 모양이 다양해서 골라 만드는 재미도 있어요. 연근 꽃 초절임을 만들
고 남은 연근은 연근 밥에 넣어 주면 됩니다.

도시락 구성 | 연근 꽃 초절임, 연근 밥, 연근 꽃 유부초밥

연근 꽃
초절임

🕐 소요시간 20분

🧂 재료(2~3인분)

연근 100g
물 400ml
식초 2큰술

절임 재료
식초 150ml
설탕 5큰술
소금 1/3작은술

🥄 도구

가위

1 세척한 연근은 껍질을 벗기고 채칼로 얇게 썹니다.

2 가위로 연근 구멍 따라 꽃 모양을 만들며 자릅니다.

3 식초 2큰술을 탄 물에 5분간 담가 변색을 방지합니다.

4 끓는 물에 연근을 넣고 30초 이내로 가볍게 데칩니다.

5 깨끗한 용기에 절임 재료와 연근을 넣고 3시간 이상 그대로 둡니다.

✚ 유부초밥 1개당 연근 꽃 초절임 1장씩을 사용합니다. 남은 초절임은 반찬으로 먹어도 되고 다른 도시락을 꾸미는 용도로 사용해도 좋습니다. 냉장 보관은 4~5일 정도 가능해요.

연근 밥

🕐 소요시간 20분

재료(10개)

쌀밥 330g
연근 50g
당근 50g
물 200ml
설탕 1큰술

소스
식초 1.5큰술
설탕 3큰술
소금 1/3작은술
깨소금 1큰술

1 물에 설탕 1큰술을 넣고 끓어오르면 잘게 다진 연근을 30초 이내로 데칩니다.

2 연근을 건지고 같은 냄비에 잘게 썬 당근도 30초 이내로 데칩니다.

3 볼에 쌀밥, 연근, 당근, 소스 재료를 모두 넣고 재료를 자르듯이 섞습니다.

연근 꽃
유부초밥

⏱ 소요시간 20~30분

👥 재료(10개)

연근 꽃 초절임 10장
연근 밥 450g
사각 유부 10장
부추 10줄

1 부추는 끓는 물에 5초간 담갔다가 건져 내고 물기를 꼭 짭니다.

2 사각 유부 안에 연근 밥 45g을 넣고 입 구를 접습니다.

3 부추 1줄 위에 2의 유부 초밥과 연근 꽃 초절임을 차례로 올립니다.

4 연근 꽃 초절임 중심으로 부추를 2번 묶고 긴 부분은 잘라냅니다.

✚ 연근 꽃 초절임은 키친타월로 물기를 제거하고 사용해 주세요. 과정 4에서 잘라낸 부추는 버리지 말고 소금, 참기름, 후추로 간단히 양념해 도시락 반찬으로 활용해 보세요.

삼색별 유부초밥 도시락

오픈 유부초밥은 여러 가지 모양을 시도해 볼 수 있어 자주 만드는 메뉴인데요. 이번에는 파프리카를 활용해 건강에도 좋고 모양도 예쁜 유부초밥을 만들었습니다. 아이들에게 야채를 먹이고 싶어 개발한 메뉴예요. 상큼한 파프리카 밥부터 별란말이를 이용한 별똥별 유부초밥까지 쉽게 따라 할 수 있으니 편식하는 우리 아이를 위해서라도 도전해 보세요.

도시락 구성 | 파프리카 밥, 삼색별 유부초밥, 별똥별 유부초밥

파프리카 밥

⏱ 소요시간 10분

🧂 재료(6~7개)

쌀밥 200g
노란 파프리카 10g
빨간 파프리카 10g
씨를 제거한 오이 10g

소스
식초 2큰술
수수설탕 1작은술(혹은 흑설탕)
소금 1/3작은술

1 파프리카와 오이는 잘게 깍둑썰기 합니다.

2 볼에 쌀밥과 소스 재료를 모두 넣고 섞습니다.

3 잘게 썬 야채를 넣고 함께 섞습니다.

삼색별 유부초밥

⏱ 소요시간 10분

🧂 재료(2개)

파프리카 밥 60g
사각 유부 2장
노란 파프리카 소량
빨간 파프리카 소량
주황 파프리카 소량

🍴 도구

별 모양 틀

1 사각 유부 입구를 안쪽으로 살짝 접고 파프리카 밥 30g을 넣습니다.

2 3가지 색 파프리카를 별 모양 틀로 찍어 유부초밥 위에 올리면 완성입니다.

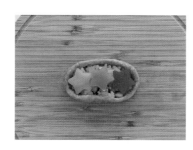

별똥별
유부초밥

🕐 소요시간 10분

🧂 재료(2개)

파프리카 밥 60g
사각 유부 2장
별란말이 2조각 169쪽 참고
얇게 썬 오이 2~4장

1 사각 유부 입구를 안쪽으로 살짝 접고 파프리카 밥 30g을 넣습니다.

2 얇게 썬 오이의 끝부분을 별똥별 꼬리 처럼 삼각으로 자릅니다.

3 유부초밥 위에 2의 오이를 올리고 별란 말이 1조각을 올리면 완성입니다.

수국 유부초밥 도시락

한여름에 피어나는 싱그러운 수국을 무절임으로 표현한 유부초밥입니다. 색깔 절임 방법은 여러 가지가 있는데요. 색이 가장 잘 나오고 간단하게 할 수 있는 재료가 바로 적양배추입니다. 한 가지 색으로 절임 시간의 차이를 둬서 다양한 색상을 만들 수 있답니다.

도시락 구성 │ 수국 무절임, 수국 유부초밥

수국 무절임

⏱ 소요시간 10분

🍶 재료(10~11개)

무 200g
적양배추 30g
초밥 식초 1큰술(혹은 사과식초)
물 1큰술
식초 1큰술

🥢 도구

모양 틀

1 무는 5mm 두께로 자르고 모양 틀로 찍어 꽃과 하트 무를 여러 개 만듭니다.

2 용기에 채 썬 적양배추, 초밥 식초, 물, 식초, 꽃과 하트 무를 넣어 물들입니다.

➕ 채 썬 적양배추는 차 거름망에 넣어서 사용하면 무절임을 건져 내기 쉽습니다. 잠시만 두어도 물들기 때문에 시간 차이를 두어 그러데이션을 주는 것도 좋아요.

➕ 초밥 식초 대신 사과식초를 사용할 땐 '식초 1큰술'을 생략하고 '설탕 1작은술'로 넣어 주세요.

3 냉장고에 반나절 보관한 무절임과 직전에 담근 무절임을 함께 사용합니다.

수국 유부초밥

⏱ 소요시간 5분

🍶 재료(4개)

수국 무절임 10g
초밥용 밥 200g 16쪽 참고
사각 유부 4장
깻잎 4장(혹은 시소)

➕ 도시락통에 수국 유부초밥을 넣고 흰색 아라레로 꽃 가운데를 장식하면 모양이 한층 살아난답니다.

1 사각 유부 입구를 안쪽으로 살짝 접습니다.

2 초밥용 밥을 사각 유부의 1/3 정도 넣고 손으로 살짝 눌러 넘어지지 않게 모양을 잡습니다.

3 유부초밥 위에 깻잎을 올리고 젓가락으로 끼워 고정합니다.

4 여러 색의 수국 무절임을 깻잎 위에 올립니다.

아이스크림 유부초밥 도시락

유부초밥을 자주 먹다 보면 모양이 매번 비슷해서 식상한 느낌이 들기 쉬운데요. 이번에는 여름에 딱 어울리는 아이스크림 모양으로 만들어 보았어요. 도시락을 열자마자 아이들의 환호성이 터져 나와요. 소풍을 갈 때나 생일 파티할 때 언제나 인기 만점인 요리랍니다. 꼭 만들어 보세요!

도시락 구성 | 닭안심 소보로, 사각 유부 활용하기, 분홍 아이스크림 유부초밥, 노란 아이스크림 유부초밥, 파란 아이스크림 유부초밥

닭안심
소보로

1 달군 프라이팬에 닭안심 다짐육과 소스 재료를 모두 넣습니다.

2 나무 젓가락을 이용해 고기가 뭉치지 않도록 휘저으며 중불로 볶습니다.

⏱ 소요시간 10분

🧂 재료(2인분)

닭안심 다짐육 200g

소스
간장 2큰술
수수설탕 1큰술(혹은 흑설탕)
청주 1큰술
미림 1큰술
다진 생강 1/2작은술

3 소스가 졸아들고 고기가 익으면 완성입니다.

✚ 간장 대신 흰 미소를 사용해도 깊이 있는 맛이 나는 소보로가 완성된답니다.

사각 유부
활용하기

1 사각 유부의 2/3를 자릅니다.

2 옆으로 펼쳐 삼각 유부를 만듭니다.

⏱ 소요시간 5분

🧂 재료(3개)

사각 유부 3장

✚ 시판 삼각 유부 제품을 사용해도 좋습니다.

분홍 아이스크림
유부초밥

⏱ 소요시간 10분

👨‍🍳 재료(1개)

쌀밥 60g
삼각 유부 1장
빨간 데코후리 1포
파스타면 소량
슬라이스 치즈 소량
오색 아라레 소량

🥄 도구

이쑤시개

1 빨간 데코후리와 쌀밥을 섞어 긴 삼각형으로 만들고 삼각 유부 안에 넣습니다.

2 삼각 유부 양쪽 모서리를 뒤로 돌리고 파스타면으로 찔러 고정합니다.

3 슬라이스 치즈는 이쑤시개로 흘러내리는 아이스크림 모양을 만듭니다.

4 3을 2 위에 올리고 랩으로 감싸 고정합니다.

5 오색 아라레를 사용해 토핑합니다.

노란 아이스크림
유부초밥

⏱ 소요시간 10분

🍱 재료(1개)

쌀밥 60g
삼각 유부 1장
노란 데코후리 1포
파스타면 소량
오색 아라레 소량

1 노란 데코후리와 쌀밥을 섞어 긴 삼각형으로 만들고 삼각 유부 안에 넣습니다.

2 삼각 유부 양쪽 모서리를 뒤로 돌리고 파스타면으로 찔러 고정합니다.

3 오색 아라레를 사용해 토핑합니다.

파란 아이스크림
유부초밥

⏱ 소요시간 10분

🍱 재료(1개)

쌀밥 80g
삼각 유부 1장
파란 데코후리 1포
파스타면 소량
검은깨 소량
오색 아라레 소량

1 쌀밥 60g으로 긴 삼각형을 만들고 파란 데코후리와 쌀밥 20g을 섞어 그 위에 올립니다.

2 1을 삼각 유부 안에 넣어 양쪽 모서리를 뒤로 돌리고 파스타면으로 찔러 고정합니다.

3 검은깨와 오색 아라레를 사용해 토핑합니다.

옥수수 유부초밥 도시락

유부초밥인지 옥수수인지 헷갈릴 정도로 싱크로율 100%를 자랑하는 귀여운 옥수수 유부초밥이에요. 옥수수 모양을 한 유부초밥 속에는 버터 향이 솔솔 나는 버터 간장 옥수수밥이 숨어 있습니다. 옥수수 철이면 꼭 만들어 먹는 메뉴 중 하나예요. 맛과 영양은 물론 눈까지 즐거워지는 귀여운 도시락입니다.

도시락 구성 | 옥수수 자르기, 버터 간장 옥수수밥, 옥수수 유부초밥

옥수수 자르기

⏱ 소요시간 5분

🧂 재료(4~5면)

삶은 옥수수 1/2개

1 삶은 옥수수 반쪽을 도마 위에 세웁니다.

2 칼을 사용해 옥수수 위에서부터 아래까지 한 번에 자릅니다.

3 삶은 옥수수 반쪽이면 4~5면은 자를 수 있습니다.

✚ 옥수수를 평면으로 깔끔하게 자르기 위해서는 한 번에 잘라야 합니다. 옥수수가 뜨거울 수도 있으니 조심하세요.

버터 간장 옥수수밥

⏱ 소요시간 15~20분

🧂 재료(2인분)

쌀밥 200g
자른 옥수수 4~5면
버터 4g
간장 1작은술
깨소금 1작은술

1 프라이팬에 자른 옥수수, 버터, 간장을 넣고 1분간 자글자글하게 볶습니다.

2 불을 끄고 준비해 둔 쌀밥과 깨소금을 넣어 잘 섞습니다.

옥수수
유부초밥

⏱ 소요시간 5분

🧂 재료(4개)

버터 간장 옥수수밥 180g
사각 유부 4개
자른 옥수수 4면
시소 4장(혹은 깻잎)

1 사각 유부에 맞춰 옥수수를 자릅니다.

2 사각 유부 입구를 안쪽으로 살짝 접습니다.

3 사각 유부 안에 버터 간장 옥수수밥 45g을 채웁니다.

4 1의 옥수수를 유부초밥 위에 올리고, 시소 혹은 깻잎은 반으로 자릅니다.

5 젓가락을 이용해 시소 혹은 깻잎을 유부초밥 안에 살살 넣습니다.

✚ 마지막에 시소 혹은 깻잎을 넣을 때는 찢어질 수 있으니 조심스럽게 넣어 주세요.

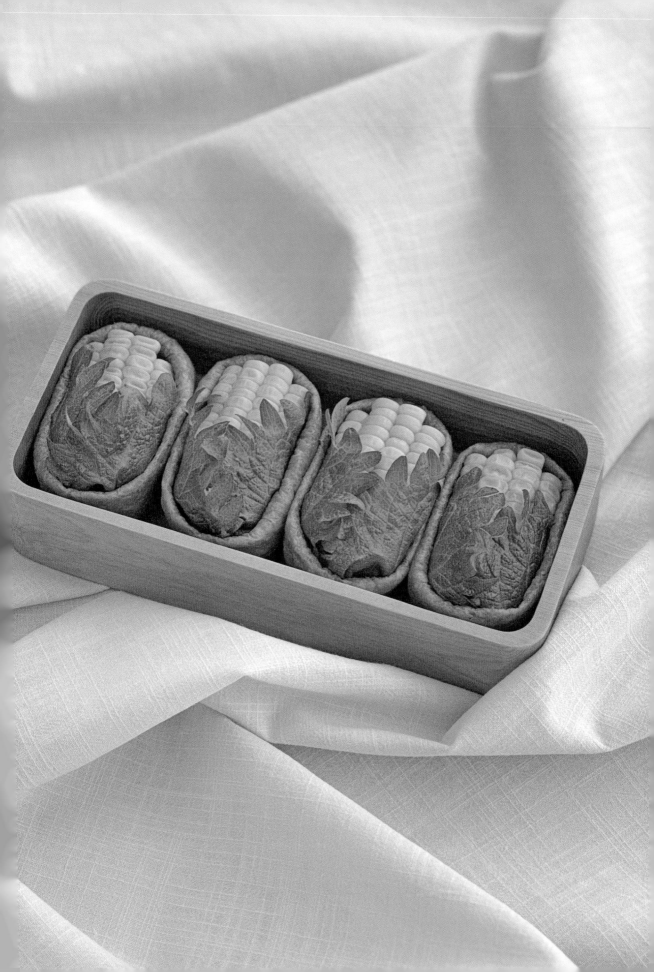

롤 유부초밥 도시락

돌돌 말아서 만든 롤 유부초밥! 신기하지 않나요? 가장 기본 재료인 유부와 김밥 김을 사용해 만든 메뉴예요. 오늘은 무얼 만들어야 하나 고민된다면 냉장고 속 유부를 사용해 롤 유부초밥을 만들어 보세요. 아이들 간식으로도 파티 음식으로 도 잘 어울리는 메뉴랍니다.

도시락 구성 | 닭다리살 레몬구이, 롤 유부초밥

닭다리살
레몬구이

🕙 소요시간 15~20분

👥 재료(2인분)

닭다리살 200g
청주 2큰술
참기름 1큰술

소스

레몬즙 1큰술
소금 1/2작은술
다진 마늘 1/2작은술
시판 다시다 1작은술(혹은 치킨스톡)
후추 1/3작은술

1 닭다리살은 한 입 크기로 자르고 용기에 청주와 함께 담아 10분간 둡니다.

2 달군 프라이팬에 참기름을 두르고 닭다리살을 노릇하게 굽습니다.

3 소스 재료를 모두 넣고 중약불에 졸이면서 양념이 잘 배도록 골고루 섞습니다.

4 수분이 거의 날아갈 때까지 닭다리살을 볶습니다.

롤 유부초밥

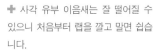

⏱ 소요시간 10~20분

🍱 재료(1개)

사각 유부 2장
김밥김 1/3장
초밥용 밥 65g 16쪽 참고

1 사각 유부는 양쪽을 가위로 잘라 펼칩
니다.

2 펼친 사각 유부 2장을 세로로 나란히
두되 가운데만 2cm 정도 겹치게 합니다.

3 사각 유부 끝을 2cm 정도 남기고 초밥
용 밥을 촘촘하게 펼칩니다.

4 초밥용 밥 위에 김밥김 1/3장을 올립
니다.

5 끝부분부터 돌돌 마는데 중간에 이음
새가 떨어지지 않도록 조심합니다.

6 랩으로 고정하고 냉장고에 10분간 두
어 모양이 잘 잡히게 합니다.

✚ 사각 유부 이음새는 잘 떨어질 수
있으니 처음부터 랩을 깔고 말면 쉽습
니다.

206

해바라기 유부초밥 도시락

다양한 재료를 넣고 밥을 짓는 영양 솥밥을 일본에서는 타키코미고항이라 부릅니다. 이번엔 전기밥솥으로 만든 타키코미고항을 유부 속에 넣어 해바라기 유부초밥을 만들어 보았어요. 소시지와 달걀지단으로 만든 해바라기 장식 덕분에 귀여운 유부초밥이 되었답니다.

도시락 구성 | 타키코미고항, 소시지 해바라기, 해바라기 유부초밥

타키코미고항

🕐 소요시간 영양 솥밥 모드

🍱 재료(2~3인분)

쌀 2컵
표고버섯 2개
당근 50g
우엉 40g
베이컨 40g
간장 1.5큰술
미림 1.5큰술
물 적당량

1 표고버섯과 당근은 채 썰고 베이컨은 잘게 자릅니다. 우엉은 채 썰어 물에 담가 둡니다.

2 전기밥솥에 불린 쌀, 간장, 미림을 넣고 섞습니다.

3 물은 정량대로 맞추고 1의 손질 재료를 넣어 영양 솥밥 모드를 진행합니다.

4 밥이 다 되면 잘 섞습니다.

소시지 해바라기

🕐 소요시간 5분

🍱 재료(4개)

달걀지단 1장 14쪽 참고
소시지 2개
파스타면 소량

🥄 도구

잎사귀 픽

1 소시지는 반으로 잘라 단면에 바둑판 모양으로 칼집을 내고 뜨거운 물에 살짝 데칩니다.

2 달걀지단의 높이를 소시지 2배 길이로 자르고 중간에 세로로 칼집을 냅니다.

3 달걀지단을 반으로 접어 1의 소시지를 올리고 돌돌 맙니다. 이때 칼집을 낸 부분은 꽃잎이 됩니다.

4 파스타면으로 달걀지단을 고정하고 잎사귀 픽을 꽂습니다.

해바라기
유부초밥

⏱ 소요시간 5분

👥 재료(4개)

타키코미고항 160g
사각 유부 4장
소시지 해바라기 4개

1 사각 유부 입구를 안쪽으로 살짝 접습니다.

2 타키코미고항 40g을 사각 유부 안에 채우고 가운데를 눌러 홈을 만듭니다.

3 홈에 소시지 해바라기를 넣습니다.

토핑 롤 유부초밥 도시락

특별한 날을 위한 유부초밥을 소개하겠습니다. 평범한 유부초밥은 가라! 형형색색 토핑이 올라간 한 입 크기 유부초밥입니다. 토핑으로 안성맞춤인 당근 꽃 꿀절임 만드는 방법도 함께 소개해 드릴게요. 또 향긋한 카레 대구구이도 곁들여 보았어요. 맛과 영양을 모두 챙긴 토핑 롤 유부초밥 도시락 함께 만들어 볼까요?

도시락 구성 | 당근 꽃 꿀절임, 카레 대구구이, 토핑 롤 유부초밥

당근 꽃 꿀절임

⏱ 소요시간 30~35분

👥 재료(16개)

당근 1개

절임 재료
물 50ml
소금 1꼬집
버터 10g
꿀 1작은술

🥄 도구

꽃 모양 틀
과도(혹은 칼날볼)

1 당근은 5mm 두께로 자릅니다.

2 준비한 꽃 모양 틀로 당근을 찍습니다.

3 꽃잎 사이에 칼집을 냅니다.

4 꽃잎 중간에서 3의 칼집 낸 곳까지 반만 돌려 깎으며 음각을 줍니다.

5 냄비에 절임 재료와 당근 꽃 16개를 넣고 약불로 끓입니다.

6 물이 졸아들고 당근 꽃에서 윤기가 나면 완성입니다.

✚ UV 칼날볼을 사용해 꽃잎 사이에서 꽃 중심을 향하게 칼집을 낼 수 있습니다. 당근 꽃 꿀절임은 냉장고에 3~4일간 보관이 가능합니다. 도시락을 쌀 때 꾸미는 용도로 활용해 보세요.

카레 대구구이

🕐 소요시간 15~20분

🧂 재료(2인분)

대구살 2조각(180g)
빵가루 4큰술
현미유 적당량

소스
마요네즈 2큰술
카레가루 1g
건조 파슬리 1/2작은술
소금 1/2작은술

1 마요네즈, 카레가루, 건조 파슬리, 소금을 섞어서 대구살 양면에 바릅니다.

2 소스 바른 대구살에 빵가루를 꾹꾹 눌러 묻힙니다.

3 달군 프라이팬에 현미유를 두르고 중약불에서 2~3분간 굽습니다.

4 겉면이 노릇해지면 완성입니다.

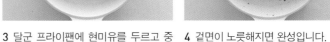

✚ 빵가루는 잘 붙지 않으니 손으로 꾹꾹 누르면서 꼼꼼하게 묻혀야 해요.

소나네 도시락 레시피

토핑 롤
유부초밥

⏱ 소요시간 10분

🧂 재료(3줄)

사각 유부 3장
초밥용 밥 120g 16쪽 참고

토핑
방울토마토
고수 잎사귀
수국 무절임 195쪽 참고
당근 꽃 꿀절임
노란 단무지
데친 새우
강낭콩

1 도마 위에 랩을 깔고 그 위에 사각 유부를 올려 양쪽을 가위로 자릅니다.

2 초밥용 밥 40g을 펼친 사각 유부 길이에 맞게 랩으로 감싸 모양을 잡습니다.

3 사각 유부 위에 초밥용 밥을 올리고 말아서 냉장고에 10분간 둡니다.

4 롤 유부초밥을 한 입 크기로 3등분합니다. 준비한 토핑 재료를 차례로 올리면 완성입니다.

✚ 사각 유부 1장으로 롤 유부초밥 3개가 완성됩니다. 도시락 양에 따라서 개수를 조절해 주세요. 고수 잎사귀는 방울토마토를 꾸미기 위해 사용했는데, 상추도 괜찮습니다.

우유 팩 사각버거 도시락

주먹밥 모양을 예쁘게 잡기가 쉽지 않죠. 우유 팩을 사용하면 간단하고 깔끔하게 주먹밥을 만들 수 있답니다. 아이들이 먹기 좋은 적당한 크기로 주먹밥을 만들고 싶었는데, 우유 팩을 사용하니 크기가 딱 알맞았어요. 겹겹이 쌓아 김밥김으로 감싸기만 하면 끝! 초간단 방법 지금 알려드릴게요.

도시락 구성 | 게맛살 참치마요 사각버거, 연근조림 사각버거, 타마고야키와 소시지 사각버거

게맛살 참치마요 사각버거

1 게맛살 2줄은 가로로 반을 잘라 프라이팬에 가볍게 굽습니다.

2 볼에 기름을 뺀 캔 참치와 소스 재료를 모두 넣고 잘 섞어 참치마요를 만듭니다.

⏱ 소요시간 20분

👨‍🍳 재료(1개)

게맛살 2줄
캔 참치 70g
쌀밥 130g
깻잎 2장
김밥김 1/3 2장
우유 팩 1개(높이 5cm)

소스

마요네즈 1큰술
간장 1작은술
간 참깨 1작은술
소금 1꼬집
후추 1꼬집

3 세척해 말린 우유 팩에 김밥김 1/3장을 세로로 깔고 쌀밥 절반을 올려 꾹꾹 누릅니다.

4 깻잎은 우유 팩 크기에 맞게 접어 깔고 1의 게맛살을 나란히 올립니다.

5 2의 참치마요를 올리고 깻잎으로 덮은 후 남은 쌀밥을 평평하게 깝니다.

6 김밥김 1/3장을 가로로 올리고 우유 팩을 뒤집어 내용물을 뺍니다.

7 김밥김으로 옆을 감싸고 랩으로 고정합니다. 단면이 예쁜 방향을 표시하면 자를 때 편리합니다.

연근조림
사각버거

⏱ 소요시간 20분

🧂 재료(1개)

연근 85g
당근 1/4개(60g)
청주 1큰술
현미유 적당량
통깨 적당량
쌀밥 130g
상추 2장
김밥김 1/3 2장
우유 팩 1개(높이 5cm)

소스

청주 1작은술
미림 1/2큰술
수수설탕 2작은술(혹은 흑설탕)
간장 2작은술

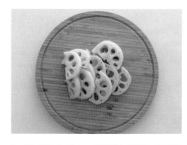

1 연근은 2~3mm 두께로 얇게 반달썰기 합니다.

2 볼에 물, 연근, 청주 1큰술을 넣고 5분간 둡니다.

3 그 사이 당근은 채 썹니다.

4 프라이팬에 현미유를 두르고 연근과 당근을 넣어 연근이 투명해질 때까지 볶습니다.

5 소스 재료를 모두 넣어 졸이듯 볶고 통깨를 뿌려 연근조림을 만듭니다.

6 세척해 말린 우유 팩에 김밥김 1/3장을 세로로 깔고 쌀밥 절반을 올려 꾹꾹 누릅니다.

7 상추는 우유 팩 크기에 맞게 접어 깔고 5의 연근조림을 올립니다.

8 상추를 다시 접어 넣고 남은 쌀밥을 평평하게 깝니다.

9 김밥김 1/3장을 가로로 올리고 우유 팩을 뒤집어 내용물을 뺍니다.

10 김밥김으로 옆을 감싸고 랩으로 고정합니다. 단면이 예쁜 방향을 표시하면 자를 때 편리합니다.

타마고야키와
소시지 사각버거

1 달걀과 소스 재료를 잘 섞습니다.

2 달군 프라이팬에 달걀물을 모두 붓습니다.

⏱ 소요시간 20분

🧂 재료(1개)

달걀 2개
소시지 2개
쌀밥 130g
상추 1장
김밥김 1/3 2장
우유 팩 1개(높이 5cm)

소스
다시마 육수 2큰술
간장 1/2작은술
수수설탕 1/2작은술(혹은 흑설탕)
미림 1작은술

3 달걀이 익기 시작하면 약불로 줄이고 나무 젓가락을 사용해 휘적거립니다.

4 몽글몽글 달걀이 익으면 반으로 접고 앞뒤로 구워 타마고야키를 완성합니다.

5 완성된 타마고야키는 우유 팩을 사용해 알맞은 크기로 자릅니다.

6 소시지는 데치거나 구운 후 세로로 반을 잘라 준비합니다.

7 세척해 말린 우유 팩에 김밥김 1/3장을 세로로 깔고 쌀밥 절반을 올려 꾹꾹 누릅니다.

8 상추는 우유 팩 크기에 맞게 접어 깔고 6의 소시지를 나란히 올립니다.

9 5의 타마고야키를 올리고 남은 쌀밥을 평평하게 깝니다.

10 김밥김 1/3장을 가로로 올리고 우유 팩을 뒤집어 내용물을 뺍니다.

11 김밥김으로 옆을 감싸고 랩으로 고정합니다. 단면이 예쁜 방향을 표시하면 자를 때 편리합니다.

러브레터 주먹밥 도시락

밸런타인데이에 남편에게 만들어 주었던 러브레터 주먹밥 도시락입니다. 도시락통을 열자마자 남편 입에서 감탄이 터져 나왔던 도시락이에요. 숙주 가다랑어 포무침과 일본식 닭고기 완자인 츠쿠네도 반찬으로 넣었어요. 러브레터 주먹밥 도시락으로 사랑하는 아이들과 가족, 연인에게 마음을 전달해 보세요.

도시락 구성 | 숙주 가다랑어포무침, 츠쿠네, 러브레터 주먹밥

숙주
가다랑어포무침

⏱ 소요시간 15분

🧂 재료(2인분)

숙주 1봉지(200g)
가다랑어포 6~9g

소스
국간장 1작은술
깨소금 1큰술
소금 소량
후추 소량

1 세척한 숙주는 전자레인지 전용 용기에 담아 2분 30초간 돌립니다.

2 1에 가다랑어포와 국간장을 넣고 버무립니다.

3 깨소금, 소금, 후추를 넣어 가볍게 버무립니다.

✚ 가다랑어포 양은 기호에 맞게 조절하면 되지만, 넉넉하게 넣는 것이 더 맛있습니다.

츠쿠네

⏱ 소요시간 25~30분

🍶 재료(6개)

닭다리살 다짐육 200g
다진 양파 1/4개
다진 대파 2큰술
전분 1.5큰술
청주 2작은술
다진 생강 1작은술(혹은 다진 마늘)
소금 1/4작은술
현미유 적당량

소스
간장 1큰술
미림 1큰술
청주 2큰술

1 볼에 닭다리살 다짐육부터 소금까지 넣고 섞습니다.

2 반죽은 6등분해 둥글납작하게 성형합니다.

3 달군 프라이팬에 현미유를 두르고 굽는데 한 면이 익으면 뒤집고 뚜껑을 덮습니다.

4 앞뒤로 노릇노릇해지면 소스 재료를 모두 넣습니다.

5 소스를 졸이는 동안 완자를 앞뒤로 뒤집고 반질반질 윤기가 나면 불을 끕니다.

✚ 과정 1에서 마요네즈 혹은 청주 1큰술을 추가하면 좀 더 부드러운 닭고기 완자를 만들 수 있습니다.

러브레터
주먹밥

⏱ 소요시간 15~20분

👥 재료(6개)

베이컨 케첩 라이스 180g **63쪽 참고**
달걀지단 2장 **14쪽 참고**
파스타면 소량
하트 캬라후루 소량
마요네즈 소량

🍽 도구

주먹밥 틀

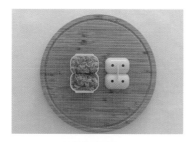

1 주먹밥 틀에 베이컨 케첩 라이스를 30g 씩 넣어 주먹밥 6개를 만듭니다.

2 달걀지단 1장에 주먹밥 3개를 나란히 올리고 폭에 맞춰 세로로 자릅니다.

3 달걀지단 끝을 삼각으로 자릅니다.

4 달걀지단으로 주먹밥을 돌돌 맙니다.

5 삼각 모양이 제일 위로 올라오게 하고 파스타면으로 고정합니다.

6 하트 캬라후루에 마요네즈를 콕 찍어 서 파스타면 위에 붙입니다.

✚ 하트 캬라후루가 없다면 게맛살이나 빨간 파프리카를 잘라 사용해도 됩니다. 주먹밥 틀 대 신 랩으로 베이컨 케첩 라이스를 둥글게 말아 모양을 잡아도 괜찮아요.

샌드 주먹밥 도시락

한 번에 휙 하고 접어 만드는 간편한 샌드 주먹밥이에요. 안에 어떤 재료가 들어가도 만드는 방법은 같습니다. 평소에 자주 먹는 달걀말이와 햄을 이용해 예쁜 모양을 만들어 보거나 닭가슴살 커틀릿을 직접 튀겨 샌드 주먹밥에 넣어 보세요. 아이들이 정말 좋아한답니다.

도시락 구성 | 닭가슴살 커틀릿, 닭가슴살 커틀릿 샌드 주먹밥, 달걀말이 샌드 주먹밥, 햄 꽃 샌드 주먹밥

닭가슴살
커틀릿

⏱ 소요시간 30분

👥 재료(2인분)

닭가슴살 1조각(250g)
마요네즈 1큰술
소금 1꼬집
후추 1꼬집
현미유 적당량

튀김옷
달걀 1개
물 2큰술
파마산 치즈 2큰술
밀가루 2큰술
빵가루 1컵

1 닭가슴살은 고깃결과 반대로 썹니다.

2 소금과 후추로 밑간하고 마요네즈를 묻혀 10분 이상 둡니다.

3 볼에 달걀, 물, 파마산 치즈, 밀가루를 넣고 섞습니다.

4 닭가슴살에 3의 반죽과 빵가루를 차례로 묻힙니다.

5 프라이팬에 현미유를 넉넉하게 붓고 170도가 되면 3~4분간 튀기듯 굽습니다.

닭가슴살 커틀릿
샌드 주먹밥

⏱ 소요시간 5분

🍱 재료(1인분)

쌀밥 100g
김밥김 1/2장
닭가슴살 커틀릿 1장
상추 2~3장(혹은 깻잎)
돈가스 소스 1작은술

1 도마 위에 랩과 김밥김 1/2장을 깔고, 쌀밥은 2곳에 나누어 깝니다.

2 한쪽에 상추, 닭가슴살 커틀릿을 올리고 돈가스 소스를 뿌립니다.

3 그 위에 다시 상추를 올립니다.

4 반대쪽으로 그대로 덮고 랩으로 단단하게 고정합니다.

5 양쪽에 남는 랩을 아래로 접어 네모 모양을 만듭니다.

달걀말이
샌드 주먹밥

⏱ 소요시간 5분

🧂 재료(1인분)

쌀밥 100g
김밥김 1/2장
달걀말이 1줄(5~6cm) 15쪽 참고
상추 2~3장(혹은 깻잎)
마요네즈 적당량

꾸미기 재료
김밥김 소량
하트 픽 2개
구운 파스타면 4개(생략 가능)
완두콩 4알(생략 가능)
오색 아라레 소량(생략 가능)

1 도마 위에 랩과 김밥김 1/2장을 깔고, 쌀밥은 80g 정도만 2곳에 나누어 깝니다.

2 한쪽 중앙에 달걀말이, 위아래 상추, 양옆은 남은 쌀밥을 올리고 마요네즈를 뿌립니다.

3 반대쪽으로 그대로 덮고 랩으로 단단하게 고정합니다.

4 양쪽에 남는 랩을 아래로 접어 네모 모양을 만듭니다.

5 반으로 자르고 꾸미기 재료를 사용해 꿀벌을 표현합니다.

햄 꽃
샌드 주먹밥

🕐 소요시간 5분

👥 재료(1인분)

쌀밥 100g
김밥김 1/4과 1/2장
소시지 6개(길이 3cm)
스트링 치즈 1개(길이 3cm)
자른 오이 2개(길이 3cm)

1 김밥김 1/4장 위에 소시지를 나란히 올리고 그 위에 스트링 치즈를 올립니다.

2 돌돌 말아 꽃 모양을 만듭니다.

3 도마 위에 랩과 김밥김 1/2장을 깔고, 쌀밥은 80g 정도만 2곳에 나누어 깝니다.

4 한쪽 중앙에 2의 꽃 모양 소시지, 위아래 오이, 양옆은 남은 쌀밥을 올립니다.

5 반대쪽으로 그대로 덮고 랩으로 단단하게 고정합니다.

6 양쪽에 남는 랩을 아래로 접어 네모 모양을 만듭니다.

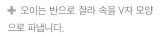

➕ 오이는 반으로 잘라 속을 V자 모양으로 파냅니다.

동그랑땡 버거 도시락

엄마가 해주는 맛있는 반찬에서 빠질 수 없는 것이 바로 동그랑땡이죠. 집에서 먹기도 도시락에 넣기도 좋은 알찬 반찬입니다. 엄마가 직접 만든 수제 동그랑땡을 밥 사이에 넣어 밥버거로 만들어 보았어요. 한 입 가득 베어 물면 쌀밥과 동그랑땡의 조화가 단번에 느껴진답니다.

도시락 구성 | 동그랑땡, 파프리카무침, 동그랑땡 버거

동그랑땡

🕐 소요시간 25~30분

🧂 재료(16개)

돼지고기 다짐육 200g
두부 100g
다진 당근 2큰술
다진 양파 2큰술
다진 파 2큰술
굴소스 1작은술
다진 마늘 1작은술
달걀 1/2개
참기름 1/2작은술
소금 1/2작은술
후추 2꼬집
현미유 적당량

부침 재료
밀가루 2큰술
달걀 1/2개

1 볼에 돼지고기 다짐육부터 후추까지 넣고 손으로 반죽합니다.

2 반죽을 16등분해 둥글납작하게 성형 하고 트레이에 담습니다.

3 체에 밀가루를 넣고 동그랑땡 위로 살 살 뿌립니다.

4 트레이에 미리 풀어 둔 달걀 1/2개를 넣고 동그랑땡 앞뒤로 골고루 묻힙니다.

5 프라이팬에 현미유를 두르고 중불에서 1분간 굽습니다.

6 뒤집어 약불로 줄이고 뚜껑을 덮어 3분 간 더 굽습니다.

✚ 동그랑땡을 구운 후 완전히 식히고 냉동실 전용 용기나 비닐에 넣어 냉동 보관합니다. 냉 동 동그랑땡을 먹을 때는 에어프라이어를 이용하거나 프라이팬에 올려 약불에서 천천히 구 워 주세요.

파프리카무침

⏱ 소요시간 5분

🍶 재료(1인분)

파프리카 1/2개
시오콘부 3g(염장 다시마)
참기름 1작은술
참깨 1작은술

1 볼에 채 썬 파프리카, 시오콘부, 참기름, 참깨를 넣습니다.

2 젓가락으로 잘 버무립니다.

✚ 5~10분 이상 두었다가 먹어야 맛있게 먹을 수 있습니다.

동그랑땡 버거

⏱ 소요시간 10분

🍶 재료(1개)

김밥용 밥 280g **15쪽 참고**
김밥김 1장
깻잎 1장
동그랑땡 1개
슬라이스 치즈 1/4장

🥄 도구

모양 픽

1 김밥용 밥을 주먹밥으로 만들어 김밥김 위에 올리고 모서리를 자릅니다.

2 김밥김으로 주먹밥을 감싸고 반으로 자릅니다.

3 한쪽에 깻잎, 동그랑땡, 슬라이스 치즈를 올리고 덮은 후 모양 픽으로 고정합니다.

구운 주먹밥 도시락

주먹밥을 구우면 겉은 바삭하고 안은 촉촉한 주먹밥이 탄생합니다. 개인적으로 주먹밥에 미소를 발라 굽는 것을 제일 좋아하는데요. 그래도 도시락에 넣을 때는 간장이 제일 깔끔하답니다. 그리고 밀가루 없이 만드는 두부 동그랑땡도 있어요. 맛과 영양 모두 책임지는 맛있는 도시락 만들어 보세요.

도시락 구성 | 구운 주먹밥, 두부 동그랑땡

구운 주먹밥

⏱ 소요시간 15~20분

🧂 재료(1인분)

쌀밥 100g
가다랑어포 2g
스트링 치즈 2조각(길이 1cm)
간장 1큰술
설탕 1/4작은술
참기름 1작은술
마무리용 간장 1/2작은술

1 가다랑어포는 전자레인지에 30~40초 간 돌리고 손으로 비벼 가루로 만듭니다.

2 볼에 쌀밥, 가다랑어포 가루, 간장 1큰 술, 설탕을 넣고 섞습니다.

3 2를 2등분해 랩으로 싸고 삼각 모양으 로 만듭니다.

4 주먹밥 가운데 공간을 만들어 스트링 치즈 1조각을 넣고 다시 밥으로 감쌉니다.

5 프라이팬에 참기름을 두르고 주먹밥을 약불에서 3~5분간 굽습니다.

6 주먹밥 양면에 간장을 발라가며 1분간 더 구우면 완성입니다.

✚ 프라이팬에 간장을 바로 넣으면 불 향이 은은하게 뱁니다.

두부 동그랑땡

⏱ 소요시간 20~30분

🧂 재료(2~3인분)

두부 1모(300g)
전분 3큰술
게맛살 1줄
통조림 옥수수 3큰술
다진 대파 1큰술
소금 1/3작은술
참기름 1큰술

1 볼에 물을 뺀 두부를 넣고 숟가락으로 으깹니다.

2 전분을 넣고 으깬 두부와 잘 섞습니다.

3 손으로 잘게 찢은 게맛살, 통조림 옥수수, 다진 대파, 소금을 넣어 반죽합니다.

4 반죽을 8등분해 둥글납작하게 성형하고 트레이에 담습니다.

5 프라이팬에 참기름을 두르고 동그랑땡을 앞뒤로 노릇하게 굽습니다.

토끼 주먹밥 도시락

토끼 주먹밥 안에 고기 다짐육과 미소를 섞어 만든 미소 소보로를 넣어 보았어요. 귀엽고 깜찍한 토끼 모습이 봄나들이 소풍 도시락으로 제격입니다. 여기에 상큼한 당면 샐러드 레시피도 가져왔어요. 만들기 쉬워서 자주 해 먹는데 한 끼 식사로도 훌륭한 메뉴랍니다. 도시락 한쪽에 넣어주면 아이들이 정말 잘 먹을 거예요.

도시락 구성 | 미소 소보로, 토끼 주먹밥, 당면 샐러드

미소 소보로

⏱ 소요시간 15분

🍶 재료(2인분)

돼지고기 다짐육 100g
다진 마늘 1작은술
참기름 1작은술
통깨 1작은술

소스
청주 1작은술
미소 2큰술
수수설탕 1큰술(혹은 흑설탕)
소금 1꼬집
후추 약간

1 프라이팬에 참기름과 다진 마늘을 넣고 마늘 향이 날 때까지 볶습니다.

2 돼지고기 다짐육과 청주를 넣고 고기가 익을 때까지 볶습니다.

3 미소, 수수설탕, 소금, 후추를 넣어 볶고 통깨를 뿌려 마무리합니다.

토끼 주먹밥

⏱ 소요시간 10~15분

🍶 재료(2개)

주먹밥 2개(각 70g)
미소 소보로 2큰술
슬라이스 치즈 소량
김밥김 소량
소시지 2개
마요네즈 소량
파스타면 소량

🥄 도구

햄치즈커터
김펀치

1 주먹밥 가운데에 공간을 만들어 미소 소보로 1큰술을 채우고 다시 감쌉니다.

2 슬라이스 치즈를 햄치즈커터로 찍어 둥근 코를 만들고 마요네즈로 붙입니다.

3 김밥김을 김펀치로 찍어 토끼 얼굴을 꾸밉니다.

4 소시지를 잘라 볼터치는 마요네즈로, 귀는 파스타면으로 고정합니다.

당면 샐러드

⏱ 소요시간 15분

👫 재료(2~3인분)

당면 40g
오이 1/2개
당근 60g
달걀지단 1장 14쪽 참고
슬라이스 햄 2장
게맛살 2줄
굵은 소금 적당량

소스1
물 1큰술
간장 1.5큰술
식초 2큰술
설탕 1큰술

소스2
다진 마늘 1/2작은술
참기름 1큰술
통깨 1큰술
소금 소량
후추 소량

1 오이, 당근, 달걀지단, 슬라이스 햄은 채 썰고 게맛살은 잘게 찢습니다.

2 오이, 당근은 굵은 소금을 뿌려 5분간 절인 후 물기를 꼭 짜 준비합니다.

3 당면을 포장지에 적힌 시간만큼 삶아 찬물로 헹구고 채반에 받쳐 둡니다.

4 전자레인지 전용 용기에 소스1 재료를 담아 랩을 씌워 1분간 돌린 후 소스2 재료도 함께 섞습니다.

5 볼에 손질 재료, 당면, 소스를 모두 넣고 버무립니다.

Part 3

스페셜 도시락

숫자 생일 도시락

아이에게 조금은 특별한 선물이 될 수 있는 도시락을 소개할게요. 나이에 맞춰 만들 수 있는 숫자 도시락입니다. 매년 아이들 생일 때마다 숫자는 꼭 챙겨줘야겠죠. 밥으로 숫자 모양을 만들고 달걀말이 선물 상자에 아이가 좋아하는 소시지 3단 케이크까지! 행복과 사랑이 가득한 생일 도시락을 만들어 보세요.

도시락 구성 | 브로콜리 줄기무침, 숫자밥, 달걀말이 선물 상자, 소시지 3단 케이크

브로콜리 줄기무침

⏱ 소요시간 10분

👥 재료(2인분)

브로콜리 줄기 1개

소스
연두 1작은술
참기름 1큰술
다진 마늘 1작은술
참깨 1큰술
소금 1꼬집

1 브로콜리 줄기는 채 썰어 전자레인지 전용 용기에 담고 1분 30초간 돌립니다.

2 1에 소스 재료를 모두 넣고 버무립니다.

숫자밥

⏱ 소요시간 10분

👥 재료(1인분)

쌀밥 100g(모양에 따라 다름)
데코후리 1포(원하는 색)
참기름 1작은술

1 볼에 쌀밥, 데코후리, 참기름을 넣고 색깔 밥을 만듭니다.

2 랩으로 색깔 밥을 길게 말아 원하는 숫자 모양으로 자유롭게 만듭니다.

달걀말이
선물 상자

⏱ 소요시간 10분

🧂 재료(1개)

달걀말이 1줄 15쪽 참고
게맛살 1줄

🥢 도구
김발

1 달걀말이가 따뜻할 때 김발을 사용해 네모 모양으로 만듭니다.

2 달걀말이를 반듯한 네모 상자 모양으로 자릅니다.

3 게맛살의 빨간 부분을 3cm 길이로 자르고 동그랗게 맙니다.

4 게맛살의 빨간 부분을 3보다 짧게 자르고 3의 가운데에 둘러 리본을 만듭니다.

5 게맛살의 빨간 부분을 길게 잘라 달걀말이 위에 십자 모양으로 두르고 4의 리본을 올립니다.

6 게맛살의 빨간 부분 자투리를 잘라 리본 아래를 꾸밉니다.

소시지
3단 케이크

🕐 소요시간 10분

👥 재료(1개)

데친 분홍 소시지 1.5개(두께 3cm)
슬라이스 치즈 1장
마요네즈 약간
꽃 카라후루 소량

🥄 도구

둥근 틀 2개(크기가 다른)
이쑤시개
빨대
생일 축하 픽

1 반달 모양 분홍 소시지를 슬라이스 치즈 위에 올립니다.

2 이쑤시개로 슬라이스 치즈를 반달 모양에 맞춰 자릅니다.

3 둥근 틀을 사용해 작은 분홍 소시지를 만듭니다.

4 작은 분홍 소시지를 반달 모양으로 자르고 슬라이스 치즈를 모양에 맞춰 자릅니다.

5 남은 분홍 소시지는 작은 둥근 틀을 사용해 더 작은 반달 모양을 만들고 슬라이스 치즈를 맞춰 자릅니다.

6 층층이 쌓고 꽃 카라후루에 마요네즈를 묻혀 3단 케이크에 붙입니다.

➕ 분홍 소시지와 슬라이스 치즈를 쌓을 때 파스타면을 꽂으면 더 단단하게 고정할 수 있어요.

7 남은 슬라이스 치즈를 빨대로 찍어 만든 알갱이와 생일 축하 픽으로 장식합니다.

조각 케이크 도시락

주먹밥으로 만드는 조각 케이크, 생일을 기념해 만들기 딱 좋은 주먹밥입니다. 만들기 쉬운 주먹밥 케이크와 귀여운 치즈 가랜드, 폭신폭신 부드러운 달걀찜까지! 우리 아이의 행복한 생일을 위해 특별한 도시락을 선물해 보세요. 오래도록 기억에 남는 소중한 추억이 될 거예요.

도시락 구성 ㅣ 미니 달걀찜, 조각 케이크 주먹밥, 치즈 가랜드

미니 달걀찜

⏱ 소요시간 20분

🧂 재료(1개)

달걀 1개
멘쯔유 1큰술
물 120ml
체다치즈 1/2장
하트 캬라후루 소량
오색 아라레 소량

🥣 도구

실리콘 틀
이쑤시개

1 볼에 달걀, 멘쯔유, 물을 넣고 잘 풀어 달걀물을 만듭니다.

2 찜기에 실리콘 틀을 올리고 달걀물을 나누어 담습니다.

3 중불에서 2분, 물이 끓으면 약불에서 15분간 찜기로 익힙니다.

4 체다치즈 비닐을 벗기지 않은 채 이쑤시개로 숫자 모양을 찍습니다.

5 체다치즈 비닐을 벗기고 밑그림을 따라 숫자 모양을 떼어 냅니다.

6 달걀찜 위에 체다치즈를 올리고 하트 캬라후루와 오색 아라레로 장식합니다.

조각 케이크
주먹밥

⏱ 소요시간 10분

🍱 재료(1개)

쌀밥 100g
달걀지단 1장 14쪽 참고
소시지 1개
참깨 소량
오색 아라레 소량

🥗 도구

잎사귀 픽

1 쌀밥을 사진과 같이 조각 케이크 모양
으로 성형합니다.

2 달걀지단을 주먹밥 길이에 맞춰 잘라 2
줄을 올립니다.

3 소시지를 반달 모양으로 자르고 달걀
지단 사이에 올립니다.

4 소시지 꼭지를 사선으로 두툼하게 자르
고 잎사귀 픽과 함께 위에 꽂습니다.

5 그 위에 참깨를 붙여 딸기씨를 표현하
고 오색 아라레로 케이크를 꾸밉니다.

치즈 가랜드

⏱ 소요시간 5분

🎒 재료

슬라이스 치즈 1장
체다치즈 1장
슬라이스 햄 1장
꽃 캬라후루 소량
오색 아라레 소량

🥣 도구

칼날볼

1 슬라이스 치즈와 체다치즈는 2cm 높이로 자르고 삼각형을 만듭니다.

2 슬라이스 치즈와 체다치즈 삼각형을 번갈아 가며 이어 붙입니다.

3 슬라이스 햄을 칼날볼로 찍어 슬라이스 치즈 위에 붙입니다.

4 꽃 캬라후루는 체다치즈 위에 올리고 오색 아라레로 가랜드를 장식합니다.

어린이날 세트 도시락

스페셜 도시락을 준비하면서 어린이날에는 아이들에게 무슨 도시락을 싸주면 좋을지 고민했습니다. 아이들이 좋아하는 음식을 생각하다가 평소 외식할 때 자주 찾는 메뉴들이 떠올랐어요. 명불허전인 햄버그스테이크와 담백한 감자샐러드로 구성한 아이 맞춤형 어린이날 세트 도시락입니다.

도시락 구성 | 햄버그스테이크, 감자샐러드

햄버그스테이크

⏱ 소요시간 30~40분

🍴 재료(6개)

소고기 돼지고기 반반 다짐육 250g
다진 양파 1/2개(100g)
달걀 1개
우유 3큰술
빵가루 15g
소금 1.5g
넛맥가루 1꼬집
현미유 적당량

소스
청주 1큰술
케첩 3큰술
우스터 소스 1큰술
버터 10g

1 볼에 달걀, 우유, 빵가루를 넣고 섞습니다.

2 프라이팬에 현미유를 두르고 다진 양파를 강불로 볶다가 색이 바뀌면 약불에서 10분간 볶습니다.

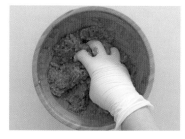

3 다른 볼에 반반 다짐육, 2의 양파, 소금, 넛맥가루, 1의 반죽을 넣고 치댑니다.

4 반죽을 6등분해 동그랗게 성형하고 중간을 꾹 누릅니다.

5 프라이팬에 현미유를 두르고 중약불에서 3분간 굽다 뒤집습니다.

6 뚜껑을 덮고 약불에 10분간 굽습니다.

➕ 햄버그스테이크는 익으면서 중간이 벌어지거나 갈라지기 때문에 과정 4에서처럼 중간을 눌러야 합니다. 또 크기에 따라 굽는 시간이 달라지니 상황에 맞게 조절해 주세요.

➕ 과정 7에서 프라이팬에 잔여 기름이 많다면 숟가락으로 걷어내고 만들어 주세요.

7 같은 프라이팬에 소스 재료를 모두 넣고 끓어오르면 불을 꺼 소스를 만듭니다.

감자샐러드

⏱ 소요시간 20분

👥 재료(2~3인분)

감자 300g
당근 40g
양파 1/4개(40g)
오이 1/4개(20g)
슬라이스 햄 2장
마요네즈 5큰술
우유 1큰술
소금 3꼬집
후추 소량

1 감자는 껍질을 벗기고 찜기에 넣어 중 약불에서 10분간 찝니다.

2 당근은 부채꼴로 썰어 전자레인지 전용 용기에 담고 랩을 씌워 1분간 돌립니다.

3 양파는 채 썰고 오이는 반달로 썰어 소 금 2꼬집과 함께 버무립니다.

4 10분간 절인 후 물기를 꼭 짭니다.

5 1의 감자는 으깨고 마요네즈, 우유, 소 금 1꼬집, 후추를 넣어 버무립니다.

6 5에 2의 당근, 4의 양파와 오이, 잘게 자른 슬라이스 햄까지 넣어 버무립니다.

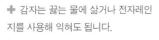

✚ 감자는 끓는 물에 삶거나 전자레인 지를 사용해 익혀도 됩니다.

핼러윈 주먹밥 도시락

핼러윈 콘셉트 중 가장 쉽고 빠르게 만들 수 있는 도시락을 소개하겠습니다. 바로 핼러윈 주먹밥 삼총사인데요. 조그만 주먹밥만 있어도 핼러윈 분위기를 뽐낼 수 있어요. 냉장고 속 단골 재료인 소시지를 활용해 귀여운 미이라 소시지도 만들어 볼 수 있고요. 원팬 파스타 만드는 법도 알려드리니 놓치지 마세요!

도시락 구성 | 멘쯔유 원팬 파스타, 미이라 소시지, 호박 주먹밥, 미이라 주먹밥, 검댕이 주먹밥

멘쯔유
원팬 파스타

🕐 소요시간 25~30분

🧂 재료(2인분)

파스타면 100g
양파 60g
슬라이스 햄 40g(혹은 베이컨)
브로콜리 40g
버터 10g
물 350ml

소스
멘쯔유 50ml
미림 1큰술

1 달군 프라이팬에 버터를 녹이고 채 썬 양파와 슬라이스 햄을 넣어 양파가 투명해질 때까지 볶습니다.

2 프라이팬에 물을 붓고 멘쯔유와 미림 그리고 파스타면을 넣습니다.

3 중약불로 두고 물기가 없어질 때쯤 브로콜리를 썰어 넣습니다.

➕ 멘쯔유가 없다면 2인분 기준으로 간장 2큰술, 미림 2큰술, 설탕 1작은술, 물 2큰술, 가다랑어포 2g을 섞어 전자레인지에 1분간 돌린 후 걸러 사용하면 됩니다.

미이라 소시지

🕐 소요시간 10분

🧂 재료(2개)

소시지 2개(길이 5cm)
슬라이스 치즈 소량
김밥김 소량
슬라이스 햄 소량
마요네즈 소량

🥄 도구

이쑤시개
칼날볼
김펀치

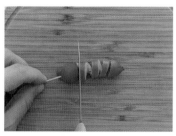

1 소시지는 끓는 물에 가볍게 데치고 이쑤시개를 꽂습니다.

2 이쑤시개를 돌리면서 소시지에 사선으로 칼집을 냅니다.

3 칼날볼로 슬라이스 치즈 눈을, 김펀치로 김밥김 눈동자를, 슬라이스 햄으로 혀를 만듭니다.

4 마요네즈를 묻혀 3을 소시지에 붙입니다.

호박 주먹밥

1 볼에 쌀밥과 케첩을 넣어 섞은 후 주먹
밥을 만들어 랩으로 감쌉니다.

2 젓가락을 사용해 주먹밥 윗부분에 세
군데 정도 홈을 만들고 랩을 벗깁니다.

⏱ 소요시간 10분

🍱 재료(1개)

쌀밥 60g
케첩 1작은술
김밥김 소량

🥄 도구

가위
잎사귀 픽

3 김밥김으로 눈, 코, 입을 만들어 붙이고
잎사귀 픽을 꽂습니다.

미이라 주먹밥

1 랩 위에 소금을 뿌리고 쌀밥으로 만든
주먹밥을 올려 랩으로 감쌉니다.

2 가위로 김밥김을 삼각형과 가는 선으
로 자르고, 칼날볼과 김펀치로 눈과 눈동
자를 만들어 주먹밥에 붙입니다.

⏱ 소요시간 10분

🍱 재료(1개)

쌀밥 60g
소금 소량
김밥김 소량
슬라이스 치즈 소량

🥄 도구

가위
칼날볼
김펀치
모자 픽

3 주먹밥에 모자 픽을 꽂습니다.

검댕이 주먹밥

⏱ 소요시간 10분

👨‍🍳 재료(1개)

쌀밥 60g
김밥김 1/4장과 소량
슬라이스 치즈 소량

👐 도구

가위
칼날볼
김펀치

1 김밥김 1/4장에 쌀밥 주먹밥을 올리고 가로로 김밥김 가장자리를 8곳 정도 자릅니다.

2 가위질한 김밥김으로 감싸서 검은 주먹밥을 만듭니다.

3 슬라이스 치즈를 칼날볼로 찍어 눈을, 김밥김을 김펀치로 찍어 눈동자를 만들어 2에 붙입니다.

핼러윈 샌드위치 도시락

젓가락만 있다면 먹기 좋은 한 입 샌드위치를 쉽고 간단하게 만들 수 있어요. 전자레인지에 식빵을 10~20초간 미리 돌리면 샌드위치를 만들기 수월하답니다. 핼러윈 데이를 기념해 핼러윈 샌드위치와 귀여운 마법사 치즈 빗자루, 해골 연근절임까지! 무시무시한 구성의 도시락을 함께 만들어 볼까요?

도시락 구성 | 마법사 치즈 빗자루, 해골 연근절임, 유령 샌드위치, 호박 샌드위치, 거미 샌드위치

마법사
치즈 빗자루

⏱ 소요시간 5분

🧂 재료(1개)

스트링 치즈 1조각(길이 3cm)
김밥김 1장(3mm×10cm)
막대 과자 1개

1 스트링 치즈를 잘게 찢어 펼칩니다.

2 김밥김을 스트링 치즈 윗부분 아래에 깝니다.

3 막대 과자를 스트링 치즈 가운데 놓고 김밥김으로 띠를 둘러 빗자루 모양을 만듭니다.

4 스트링 치즈 끝부분을 조금 더 잘게 찢습니다.

해골 연근절임

⏱ 소요시간 5분

🧂 재료(2개)

연근 초절임 1개 95쪽 참고

1 연근 초절임의 물기를 제거하고 큰 구멍 2개와 작은 구멍이 있는 모양을 고릅니다.

2 사진과 같이 해골 모양으로 자릅니다.

유령 샌드위치

🕐 소요시간 10분

🧂 재료(1개)

식빵 1장
에그마요 1큰술 132쪽 참고
김밥김 소량

🍴 도구

김펀치
모자 픽

1 테두리 자른 식빵을 반으로 잘라 한쪽에 에그마요를 올리고 나머지 한쪽으로 덮습니다.

2 젓가락을 사용해 식빵 가장자리를 꾹꾹 누르면서 유령 모양을 만듭니다.

3 식빵 가장자리를 잘라내고 김밥김을 김펀치로 찍어 눈과 입을 만듭니다.

4 눈과 입을 붙이고 모자 픽을 꽂습니다.

호박 샌드위치

🕐 소요시간 10분

🧂 재료(1개)

식빵 1장
슬라이스 햄 1/2장
체다치즈 1/2장
김밥김 소량

🍴 도구

둥근 틀
김펀치

1 테두리 자른 식빵을 반으로 자르고 한쪽은 둥근 틀로 3번 찍어 호박 모양을 만듭니다.

2 반대쪽에 슬라이스 햄과 체다치즈를 차례로 올리고 1의 식빵으로 덮습니다.

3 젓가락을 사용해 식빵 가장자리를 꾹꾹 누르고 깔끔하게 자릅니다.

4 김펀치로 얇은 선을 찍어 사진과 같이 붙입니다.

거미 샌드위치

⏱ 소요시간 10분

🗄 재료(1개)

식빵 1장
초코 펜 1개

🍽 도구

둥근 틀

1 테두리 자른 식빵은 4등분하고 둥근 틀로 2조각의 가운데를 찍습니다.

2 남은 식빵 위에 구멍난 식빵을 올린 후 가장자리를 젓가락으로 누르고 깔끔하게 자릅니다.

3 초코 펜을 사용해서 가운데를 채우고 거미 머리와 다리를 그립니다.

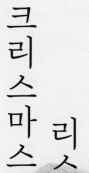

크리스마스 리스 도시락

크리스마스 시즌에 링 장식인 리스가 빠질 수 없죠. 이번에는 소보로로 만든 크리스마스 리스 도시락을 만들어 볼 거예요. 도시락 뚜껑을 열면 크리스마스 분위기가 가득한 소보로 리스가 소담하게 담겨 있답니다. 주 재료로 닭가슴살을 사용해 기름지지 않아요. 달걀 소보로도 달짝지근하게 만들어서 다른 반찬 없이도 맛있게 먹을 수 있으니 도전해 보세요!

도시락 구성 │ 달걀 소보로, 닭가슴살 소보로, 게맛살 리본, 소보로 담기

달걀 소보로

1 볼에 달걀, 미림, 소금을 넣고 잘 풀어 달걀물을 만듭니다.

2 중약불로 달군 프라이팬에 현미유를 살짝 두르고 달걀물을 모두 붓습니다.

⏱ 소요시간 5~10분

🍶 재료(1인분)

달걀 1개
미림 1작은술
소금 소량
현미유 적당량

3 살짝 익기 시작하면 약불로 줄이고 나무젓가락 4개를 사용해 휘젓습니다.

4 달걀이 모두 익으면 완성입니다.

닭가슴살 소보로

1 달군 프라이팬에 닭가슴살 다짐육과 청주를 넣고 중약불로 볶습니다.

2 나머지 재료를 모두 넣고 나무젓가락 4 개를 사용해 휘젓습니다.

⏱ 소요시간 5~10분

🍶 재료(1~2인분)

닭가슴살 다짐육 100g
청주 2작은술
미림 1큰술
간장 2작은술
다진 생강 소량

3 소스가 졸아들 때까지 볶습니다.

게맛살 리본

🕐 소요시간 5분

🧂 재료(1개)

게맛살 2조각(길이 6cm)

🍴 도구

하트 픽

1 게맛살의 빨간 부분을 펼쳤다가 가운데를 접어 리본 모양을 만듭니다.

2 남은 게맛살의 빨간 부분을 펼치고 5mm 높이로 잘라 리본 가운데를 두릅니다.

3 하트 픽으로 게맛살 가운데를 고정합니다.

4 2에서 남은 게맛살의 빨간 부분을 5mm씩 2개 더 자르고 이를 활용해 리본을 꾸밉니다.

소보로 담기

⏱ 소요시간 5~10분

🍶 재료(1인분)

잡곡밥 250g
달걀 소보로 75g
닭가슴살 소보로 40g
게맛살 리본 1개
브로콜리 2개
방울토마토 2개
오색 아라레 소량

🍴 도구

둥근 틀
핀셋

1 도시락통에 잡곡밥을 깔고 둥근 틀을 올립니다.

2 둥근 틀 바깥을 달걀 소보로로 채웁니다.

3 둥근 틀 안을 닭가슴살 소보로로 채웁니다.

4 둥근 틀을 빼고 그 자리에 브로콜리를 잘게 찢어 핀셋으로 넣습니다.

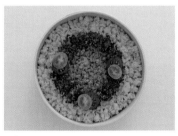

5 여러 색의 방울토마토를 얇게 썰어 브로콜리 위를 장식합니다.

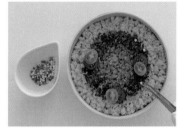

6 오색 아라레로 장식합니다.

7 마무리로 게맛살 리본을 브로콜리 위쪽에 올리면 완성입니다.

✚ 원형 도시락통이 아니어도 괜찮습니다. 네모난 도시락통에 해도 예뻐요.

크리스마스 유부초밥 도시락

크리스마스 도시락 메뉴 중 제일 깜찍하고 귀여운 유부초밥을 준비해 보았어요. 크리스마스의 상징물인 산타와 루돌프는 물론이고 눈사람과 크리스마스 리스까지 모두 담았답니다. 톡톡 터지는 명란으로 만든 명란 당근볶음도 만드는 법은 간단하지만, 정말 맛있으니 함께 곁들여 보세요! 명란 당근볶음과 크리스마스 유부초밥을 즐기며 행복한 연말 보내시길 바랍니다.

도시락 구성 | 명란 당근볶음, 눈사람 유부초밥, 루돌프 유부초밥, 리스 유부초밥, 산타 유부초밥

명란 당근볶음

⏱ 소요시간 15분

🧑‍🍳 재료(2~3인분)

당근 1개
현미유 적당량
간장 1작은술
미림 1작은술
참기름 1작은술
저염 명란 30g

1 당근은 채 썰어서 준비합니다.

2 프라이팬에 현미유를 두르고 당근의 숨이 죽을 때까지 중불로 볶다가 간장, 미림, 참기름을 넣어 섞습니다.

3 저염 명란을 넣고 함께 볶다가 명란의 색이 하얀색으로 바뀌면 불을 끕니다.

눈사람 유부초밥

⏱ 소요시간 10~15분

🧑‍🍳 재료(1개)

초밥용 밥 45g **16쪽 참고**
사각 유부 1장
게맛살 소량
검은깨 소량
실고추 소량
오색 아라레 소량

🖐 도구

주먹밥 틀
칼날볼
핀셋
모자 픽

1 사각 유부 입구를 안쪽으로 살짝 접고 초밥용 밥을 10g 정도만 깝니다.

2 주먹밥 틀 안에 남은 밥을 넣고 주먹밥 2개를 만들어 유부 안에 넣습니다.

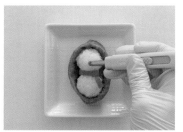

3 게맛살의 빨간 부분으로 목도리를 만들고 칼날볼로 찍어 코도 만듭니다.

4 검은깨로 눈을, 실고추로 입을, 오색 아라레로 볼터치와 단추를 만들고 모자 픽을 꽂습니다.

루돌프
유부초밥

⏱ 소요시간 10~15분

🧑‍🍳 재료(1개)

초밥용 밥 45g 16쪽 참고
사각 유부 1장
슬라이스 치즈 소량
게맛살 소량
김밥김 소량
체다치즈 소량
구운 파스타면 2줄

🥢 도구

김펀치
칼날볼

1 사각 유부에 초밥용 밥을 채우고 뒤집습니다.

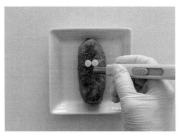

2 칼날볼을 사용해 슬라이스 치즈 눈과 게맛살 코를 만듭니다.

3 김밥김을 김펀치로 찍어 눈동자를 만들고 슬라이스 치즈 눈에 올립니다.

4 게맛살로 목줄을, 칼날볼로 체다치즈를 찍고 반으로 잘라 종을 만듭니다.

5 구운 파스타면을 양쪽 위에 꽂아 뿔을 표현합니다.

리스 유부초밥

1 사각 유부 입구를 안쪽으로 살짝 접고 초밥용 밥을 채웁니다.

2 가운데를 손가락으로 누르고 끓는 물에 데친 소시지를 꽂습니다.

⏱ 소요시간 10~15분

👥 재료(1개)

초밥용 밥 45g 16쪽 참고
사각 유부 1장
소시지 1/2개
브로콜리 20g
게맛살 소량
별 캬라후루 1개
오색 아라레 소량

3 데친 브로콜리를 잘게 잘라서 소시지 주위에 둥글게 꽂습니다.

4 게맛살의 빨간 부분으로 지붕 모양을 만들고 별 캬라후루를 올립니다.

5 브로콜리 위를 오색 아라레로 장식합니다.

산타 유부초밥

⏱ 소요시간 10~15분

🧂 재료(1개)

초밥용 밥 45g 16쪽 참고
사각 유부 1장
게맛살 1줄
김밥김 소량
검은깨 소량
별 카라후루 1개

🥄 도구

칼날볼

1 사각 유부 입구를 안쪽으로 살짝 접고 초밥용 밥을 채우되 소량은 남겨 둡니다.

2 게맛살의 빨간 부분은 삼각형으로 잘라 모자를 만들고 튀어나온 부분은 젓가락으로 넣습니다.

3 게맛살을 얇게 잘라 흰 부분이 보이는 쪽으로 모자 아래에 올리고 고정합니다.

4 남은 게맛살의 빨간 부분으로 삼각형을 잘라 옷을 만들고 튀어나온 부분은 젓가락으로 넣습니다.

5 김밥김으로 허리띠를, 검은깨로 눈을, 남은 초밥용 밥으로 수염을 만듭니다.

6 별 카라후루를 허리띠에 올리고 칼날볼로 게맛살 코를 만들면 완성입니다.

졸업식 기념 도시락

아이들이 성장하며 여러 행사를 치르는데 그중에서도 큰아이의 유치원 졸업식이 정말 인상 깊었어요. 큰아이는 유치원을 다니는 동안 새로운 언어에 적응해야 했고 코로나19로 마스크도 착용해야 했지요. 여러모로 힘들었을 텐데 아이가 유치원을 열심히 다녀줘서 정말 고마웠답니다. 실제로 큰아이의 유치원 졸업식 때 만들었던 추억의 도시락을 여러분에게 소개합니다.

도시락 구성 | 대구튀김, 햄 꽃다발, 소녀 주먹밥

대구튀김

⏱ 소요시간 15~20분

🧂 재료(2인분)

대구살 2조각(180g)
밀가루 1큰술
전분 1큰술
현미유 적당량

소스
청주 1.5큰술
다진 마늘 1/2작은술
간장 1작은술
마요네즈 1작은술
소금 1꼬집

1 대구살은 한 입 크기로 잘라 볼에 넣습니다.

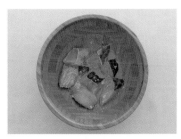

2 소스 재료를 모두 넣어 버무리고 10분간 둡니다.

3 트레이에 밀가루와 전분을 섞고 대구살에 골고루 묻힙니다

4 프라이팬에 현미유를 넉넉하게 붓고 2~3분간 노릇하게 튀깁니다.

햄 꽃다발

⏱ 소요시간 5~10분

🧂 재료(1개)

슬라이스 햄 1/2장
빨간 파프리카 소량
주황 파프리카 소량
체다치즈 1/4장
슬라이스 치즈 1/4장
상추 소량
파스타면 소량

🥄 도구

꽃 모양 틀

1 슬라이스 햄의 양쪽을 접어 뒤집은 고깔 모양을 만들고 파스타면으로 고정합니다.

2 꽃 모양 틀을 사용해 상추를 제외한 여러 가지 재료를 찍습니다.

3 고깔 모양 햄 안에 상추를 깔고 2의 꽃을 하나씩 넣습니다.

소녀 주먹밥

⏱ 소요시간 15~20분

👥 재료(1개)

주먹밥 2개(얼굴 65g, 몸 60g)
김밥김 1/2장
슬라이스 치즈 1/2장
슬라이스 햄 1/2장

🥄 도구

가위
이쑤시개
꽃 모양 틀
김펀치
칼날볼

1 김밥김 1/2장을 반으로 잘라 몸 주먹밥을 감싸고 랩으로 쌉니다.

2 남은 김밥김을 머리카락 모양으로 잘라 얼굴 주먹밥 위쪽에 붙이고 랩으로 쌉니다.

3 슬라이스 치즈를 이쑤시개로 잘라 셔츠 깃을 만듭니다.

4 슬라이스 햄을 꽃 모양 틀로 찍어 가슴에 다는 코르사주를 만듭니다.

5 김밥김 자투리를 김펀치로 찍어 표정을 만듭니다.

6 슬라이스 햄 자투리를 칼날볼로 찍어 볼터치를, 슬라이스 치즈 자투리를 칼날볼로 찍어 단추를 만듭니다.

7 주먹밥에 랩을 벗기고 3~6을 차례로 올립니다.